KB180569

EXCEL 자료탐색

유정빈 지음

머리말

자료는 많은 정보를 품고 있다. 그리고 자료는 스스로 정보를 드러내지는 않는다. 필요한 정보를 찾기 위해 많은 시간동안 노력을 한다면 아마도 그만큼 많은 정보를 얻을 수 있을 것이다. 그런데 이것만으로 충분하지는 않다. 자료를 제대로 다룰 줄 알아야 더 좋은 정보를 얻을 수 있다. 그런데 수많은 자료를 다루는 데는 도구가 필요한데 대부분의 컴퓨터에 탑재되어 있는 Excel은 자료로부터 쉽게 정보를 얻을 수 있도록 만들어진 도구이다. 특히 입력된 자료를 간단한 통계로 만들거나 보기 좋은 표나 차트(그래프)를 그려내는데 Excel은 도움을 준다. 이런 기능은 사회생활을 하는 데 반드시 갖추어야 할 능력이기도 하다. 아마도 외국어보다 더 필요한 스펙일 것이다. 그래서 많은 학생들이 Excel을 공부하고 있는데, 대부분 간단한 수리적 계산을 하거나 보기 좋은 표를 만들거나 프레젠테이션에 필요한 그래프를 그리는 것으로 만족한다. 참, 안타깝다.

Excel은 의외로 더 많은 정보를 알 수 있는 기능을 가지고 있다. 예컨대 다음과 같은 문제가 발생했다고 생각해 보자. 우리 회사 제품의 (목표)무게가 800g인데 생산된 제품은 차이가 없는지, 10대와 20대에서 우리 회사 제품의 만족도에 차이가 있는지 혹은 광고비가 증가하면 어느 정도 매출이 증가하는지를 알고 싶다면? 통계를 전공한 전공자가 아니면 엄두도 내지 못할 문제지만, Excel은 마우스를 몇 번 움직이는 것으로 간단하게 의미 있는 결론을 얻을 수 있는 답을 준다. 현실 속에서 수시로 발생하는 문제의 실체를 정확하게 파악하고 올바른 해답을 Excel에서 비교적 쉽게 얻을 수 있다.

이 책은 수년간 대학에서 다양한 전공과 학년의 학생들에게 2학점의 '파워엑셀실무'를 가르치면서 얻은 경험의 산물이다. 수강학생들의 대부분은 Excel에 익숙하지 않을 뿐 아니라 통계는 더더욱 싫어하는 학생들로, 그들에게 실무에 유용한 자료탐색 방법을 설명하기란 그리 만만한 일이 아니었다. 특히 교재를 선택하는 일이 쉽지 않았는데, 그 이유는 대부분의 교재들이 Excel의 다양한 기능적인 면만 강조되어 있거나 아니면 통계적 이론에 집중되어 있기 때문이었다. 통계 이론은 학생들을 질리게 하였고, Excel의 수많은 기능은 학생들을 헷갈리게 만들었다. 이 책은 자료의 관리부터 정리 그리고 다양한 추론의 방법들에 대한 Excel 결과물을 얻는 방법으로 시작하여 올바르게 해석하는 방법을 중심으로 서술하였다. 'Part I. 시작'에서는 Excel의 단순 기능을 익히고 간단하게 수식을 계산하는 방법에 대해 설명하였다. 아주 가볍게 입문할 수 있는 내용이다. 그리고 'Part II. 정리'에서는 자료에 대한 기초적인 자료탐색방법을 서술하였는데, 특히 간단하게 자료를 정렬하고 표로 만들고 차트를 그리고 몇 가지 요약된 통계들(기술통계)을 구하고 의미를 해석하는 방법을 설명하였다. 마지막으로 'Part III. 추론'에서는 작은 표본으로부터 얻은 자료로부터 모집단이 가지고 있는 미지의 참값에 대한 정보(비교와 관계)를 알아내는 추론방법에 대해 설명하였다.

아무쪼록 힘든 취업 여건 속에서 이 책이 학생들의 문제해결 능력을 키우는 데 작은 보탬이 되었으면 하는 바람이다.

2016년 2월

서원대학교 교양학부 교수 유 정 빈

차례

Part I. 시작

제1장 자료 관리 / 13

제2장 수식과 통계함수 / 27

Part II. 정리

제3장 자료 정리 / 47

제4장 기술통계법 / 91

Part Ⅲ. 추론 - 비교와 관계

제5장 비교와 선택 / 119

제6장 관계 / 153

Part I
시작

제1장

자료 관리

매우 복잡하고 불확실한 현상을 비교적 단순하게 정의하여 객관적으로 측정한 자료를 살펴보면 현재의 실태를 파악하는 데 매우 큰 도움이 된다. 물론 대부분의 경우 수집될 수 있는 자료가 상황을 정확하게 반영하지는 않더라도 복잡한 상황을 어느 정도는 파악하여 문제가 무엇인지를 알 수 있고, 그 문제를 해결할 수 있는 가이드라인을 제시할 수는 있다. 문제는 수집된 자료를 거듭 읽어 보아도 자료가 숨기고 있는 특성이 스스로 드러나지는 않는다는 사실이다. 자료는 매우 많은 변수(혹은 필드 field)와 더 많은 항목(혹은 개체)으로 이루어져 있기 때문에 그저 바라보고 읽어 보아야 혼란스러울 뿐이다. 그러나 분명 자료는 많은 정보를 숨기고 있다. 그리고 커다란 자료더미 속에서 의미 있는 정보를 캐내는 일은 쉽지 않다. 그러나 Excel이라는 편리한 도구와 자료를 요약하고 자료들 간의 관계를 이해하며 비교할 수 있는 자료 분석 방법을 알고 있다면 얘기는 달라진다. 예컨대 수많은 자료의 평균만 구할 수 있어도 자료가 가지고 있는 숨은 정보(중심의 위치 등)를 얻을 수 있다. 그런데 평균을 암산이

나 간단한 필기도구로 계산할 수 있다면 좋겠지만 자료의 크기(수)가 많다면 평균을 구하는 작업 역시 그리 간단하지 않다. 컴퓨터는 이런 지루하고 많은 계산을 지루해 하지 않고 기꺼이 빠르게 계산해 준다. 특히 대부분의 컴퓨터에 탑재되어 있는 Excel은 평균을 구하는 작업은 물론이고 통계입문에서 소개하고 있는 자료 분석 방법들의 대부분을 매우 손쉽게 구할 수 있도록 도와준다.

Excel을 사용하여 정보를 얻기 위해서는 먼저 자료를 정확하게 입력하고 Excel의 여러 기능을 사용해서 단순하게 정리하고 요약하는 작업만으로도 충분히 좋은 정보를 얻을 수 있다. 즉 자료를 탐색하기 위해서 가장 먼저 할 일은 자료를 정성껏 입력한 후, 입력된 자료가 제대로 올바르게 입력되었는지를 반드시 확인한 다음에 자료를 '정렬'하여 기초적인 정보를 수집하고, '필터'를 사용하여 의미 있는 중요 변수들로 정렬을 할 수도 있다. 자료를 순서대로 정렬하고 원하는 대로 필터링만 하여도 꽤 괜찮은 정보를 얻을 수 있다. 예컨대 다양한 변수로 자료를 내림차순이나 오름차순으로 정렬한 자료는 순위를 알려주고 이를 통해 다른 자료와의 비교도 가능해진다. 또한 성별을 통해 필터링한 자료에서는 남자와 여자의 특성을 비교하는 데 유용하다. 그 외에도 조건문인 IF를 사용하여 조건에 맞는 자료들의 합이나 평균 그리고 자료의 개수 등을 구할 수도 있으며 순위(Rank)를 생성할 수도 있다. 이런 정보는 물론 가장 기초적인 정보에 해당한다. 이것만으로 만족한다면 자료를 수집하기 위해 사용한 노력이 아깝다. 분명 자료는 더 많은 정보를 가지고 있다.

Excel의 '피벗(Pivot) 테이블'은 무질서하고 패턴이 나타나지 않은 복잡한 데이터를 깔끔하게 분류하여 정리하는 기능을 하는데, 뜻밖에 많은 정보를 얻을 수 있다. 이 기능은 회사에서 가장 많이 사용되는 기능 중 하나이며 매우 유용하다. 대학에서 배우는 전공 서적이나 연구 논문 그리고 각종 보고서에 간결하게 정리된 표는 대부분 피벗 테이블 기능으로 만들 수 있다. 그리고 잘 정리된 표를 올바르게 해석하면 원하는 정보를 얻을 수 있는 것은 당연하다. '피벗 테이블'로 정리된 표는 보기 좋은 차트(chart. 혹은 graph)로 쉽게 전환된다. 막대 그래프(가로형 혹은 세로형)나 원그래프 혹은 꺾은선 그래프 등으로 표가 가진 정보를 보기 좋게 시각적으로 표현할 수 있다. 그림이나 그래프는 자료 정리의 가장 단순한 형태이면서 중요한 기법이다. 대부분의 프레젠테이션에서 훌륭하게 사용될 수 있는 결과물을 만들어 주기 때문이다. 그러나 차트가 분명 효과적인 정리방법이긴 하지만 모든 정보를 전달하는 것은 아니다. 차트의 한계는 표현이나 해석에서 주관적 의지나 견해가 포함될 수 있다는 점이고 심지어는 차트를 만드는 사람의 의도대로 조작도 가능하다는 사실이다. 약간만 축의 간격을 좁히거나 넓히기만 해도 차트가 전달하는 정보는 달라질 수 있다. 이런 단점에도 불구하고 차트로 자료를 정리하는 것은 매우 효과적이며 Excel은 이런 기능을 다른 어떤 자료 분석 소프트웨어에 뒤지지 않을 정도로 훌륭하게 해낸다.

차트의 단점을 보완해 주기 위해서는 객관성이 강조된 기본적인 통계(요약 정리된 숫자)를 같이 사용하면 된다. 통계적인 자료 분석에서 가장 먼저 그리고 가장 많이 사용되는 방법을 '기술(記述. descriptive) 통계'라고 부른다. 자료의 중심에 대한 정보를 제공해 주는 평균(산술평균, 중앙값 그리고 최빈값)과 중심으로부터 자료가 얼마나 넓게 퍼져 있는지를 알려주는 산포(범위, 분산 그리고 표준편차) 그리고 자료가 어떤 형태로 분포되어 있는지를 보여 주는 왜도나 첨도는 자료의 가장 기초적인 정보를 제공해 주는 '기술통계'이다. 모든 자료탐색 기법의 기초가 되는 통계를 만들고 앞으로 어떤 분석이 필요할지에 대한 정보를 제공하는 길라잡이 역할을 하는 것이 기술통계와 차트이고 피벗 테이블이다. Excel은 이런 종류의 작업을 매우 쉽게 해 주는 편리한 도구다. 먼저 자료를 입력시키고 간단하게 정리하며 Excel의 기초 사용법을 설명하도록 하겠다.(Excel 2010 기준으로 설명하지만, 다른 버전들도 거의 유사하다.)

1. 자료의 입력과 편집

자료를 입력하기 위해 Excel을 켜면 다음과 같은 '통합문서 1-Microsoft Excel'이라는 화면이 나타난다.

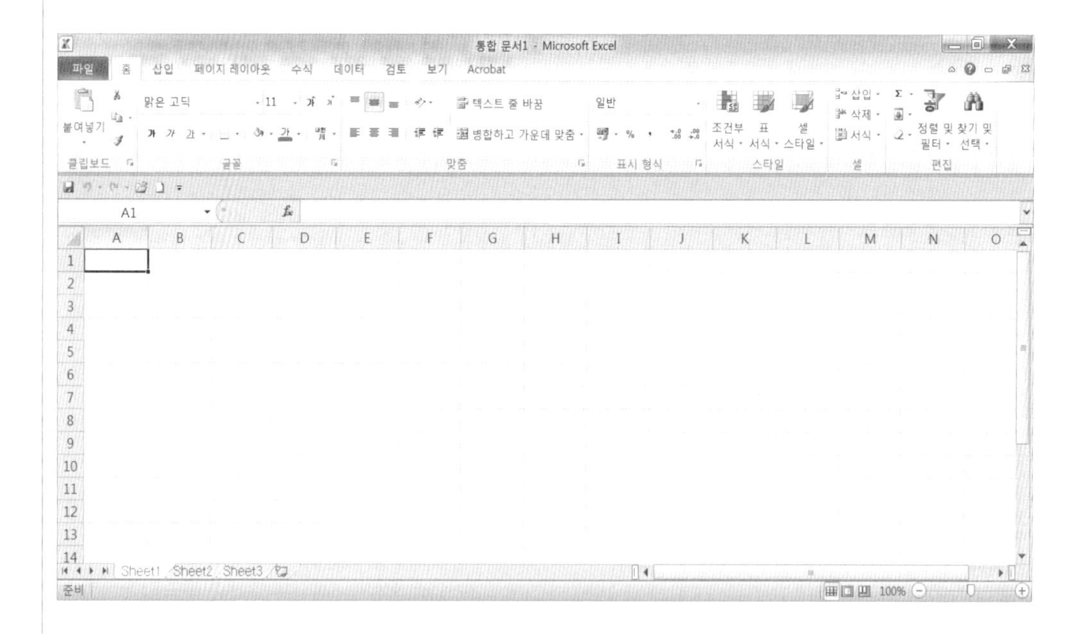

첫 화면은 텍스트 형태의 메뉴와 아이콘 형태의 명령 단추로 이루어진 위쪽의 '명령 지시 부분(파일, 홈 ...)'과 자료와 수식 등을 입력하여 원하는 작업을 수행할 수 있는 중간에 위치한 '자료 입력 부분(A1과 셀 부분)' 그리고 현재의 작업 상태와 선택된 범위의 자동 계산 결과 등을 보여 주는 아래쪽의 '상태 표

시 부분(준비 ...)'으로 나뉘어져 있다. 자료를 직접 입력할 때는 '자료 입력 부분'에서 이루어지는데, 이 부분은 'A1'이라고 적혀 있는 '이름 상자'와 f_x로 표시된 '함수 삽입 버튼' 그리고 f_x 오른쪽으로 '수식 입력 줄'이 있으며 그 아래에 A, B, C 등의 라벨이 붙은 16,384개의 세로 '열 머리글'이 있고 숫자 1, 2, 3 등으로 표시된 1,048,576개로 이루어진 가로 '행 머리글'이 있다. 그리고 직접 자료를 입력하게 될 행과 열로 지정되는 '셀(cell. □)'이 있고, 자료를 자동으로 입력시키고자 할 때 편리한 '채우기 핸들(임의의 셀을 클릭하면 굵은 셀의 오른쪽 아래 검은 점 ■)', 화살표(◀와 ▶)와 시트(Sheet1, Sheet2 등)를 구분해 주는 '시트 탭'과 새로운 시트를 만들 수 있는 '워크시트 삽입 버튼' 등으로 이루어져 있다. 화면에 나타난 자료 입력 부분은 하나의 '워크시트(work sheet)'로 구성되어 있고, 여러 워크시트가 모여 하나의 '통합문서(book)'가 되며, Excel은 통합문서를 기본으로 저장된다.

'수식 입력 줄'은 항상 관심을 갖고 들여다보아야 하는 곳인데, 셀에 자료(문자 혹은 숫자)를 입력하거나 수식을 입력할 때 입력시킨 내용이 무엇인지를 알 수 있는 곳이다. 특히 함수식에 의한 결과의 근거가 되는 함수식이 무엇인지를 보여준다. 예컨대 셀에 '5'가 나타날 때, 이 '5'가 숫자 '5'인지 아니면 '=2+3' 혹은 '=10/2'의 결과인지를 보여준다.(참고로 수식 계산을 위해서는 셀에 '='을 입력하여야 한다.)

자료를 직접 입력하고자 할 때는 하나의 '셀'에 하나의 자료를 입력시키면 된다. 그리고 셀 간을 이동할 때는 이미 익숙한 자판의 화살표(▲ ▼ ◀ ▶)를 이용한다. 자료를 입력시킬 때는 당연히 정확하게 입력해야 하고 '열(column) 방향'으로 자료를 입력시키는 것이 편리하다. 즉 성적이나 키나 체중 등의 항목(변수이름)은 '열'에 위치시키고, 각 항목에 해당하는 개체들을 '행(row) 방향'으로 입력시키는 것이 좋다. 물론 행과 열을 바꾸어도 큰 문제는 없지만 Excel로 자료를 분석할 때, 자료를 열 방향으로 읽어 들이는 것이 디폴트이기 때문에 처음 자료를 입력할 때부터 열 방향으로 입력시키면 관리하기에 편리하다. 하나의 셀에 입력된 하나의 자료는 열과 행으로 구성된 셀 주소(address)가 주어지는데, 각각의 셀은 열과 행의 이름(영문과 숫자)을 합하여 셀 주소가 지정된다. 예컨대 첫 번째 열과 첫 번째 행에 입력된 자료의 주소는 'A1'이 되고, 우리가 셀을 지정하면 셀 주소가 '이름 상자'에 나타난다.

자료를 입력하는 작업은 매우 따분하고 힘든 일이다. 따라서 오류도 많이 발생한다. 자료가 틀리면 아무리 훌륭한 분석방법과 도구로 분석하여도 그 정보는 쓸모가 없다. 즉 'Garage In, Garage Out(GIGO)'이라는 사실을 항상 명심해야 한다. 멋지게 자료를 분석하는 작업만 중요하게 생각하지 말고 자료를 정확하게 입력하는 작업에 집중할 필요가 있다. 따라서 자료를 입력시킬 때는 많은 시간을 할애하여 신중하게 정성을 다하여야 한다. 그리고 입력시키기 전이나 후에는 반드시 '유효성 검사'와 '중복 데이터 제거' 등의 기능을 사용하여 재차 자료가 정확하게 입력되었는지를 확인해야 하고, 자료 분석의 초기에 다시 한 번 [순위와 백분율]이나 [도수분포표] 혹은 [차트] 등을 통해 자료가 정확하게 입력되었는지를 다시 한 번 확인하는 것이 좋다.

(1) 직접 입력하는 방법

다음 그림과 같이 열과 행에 자료를 입력시키는데, 열에 변수를 그리고 행에는 개체를 입력시킨다. 그리고 아래 시트 탭에 '키와 체중 자료'라고 이름을 바꾸어 주는 것이 편리하다.

똑같은 자료를 입력시키거나 아니면 같은 패턴으로 자료를 입력시킬 때는 '채우기 핸들(굵은 셀 오른쪽 아래 검은 점 ■)'을 사용하여 자료를 채울 수 있다. 이

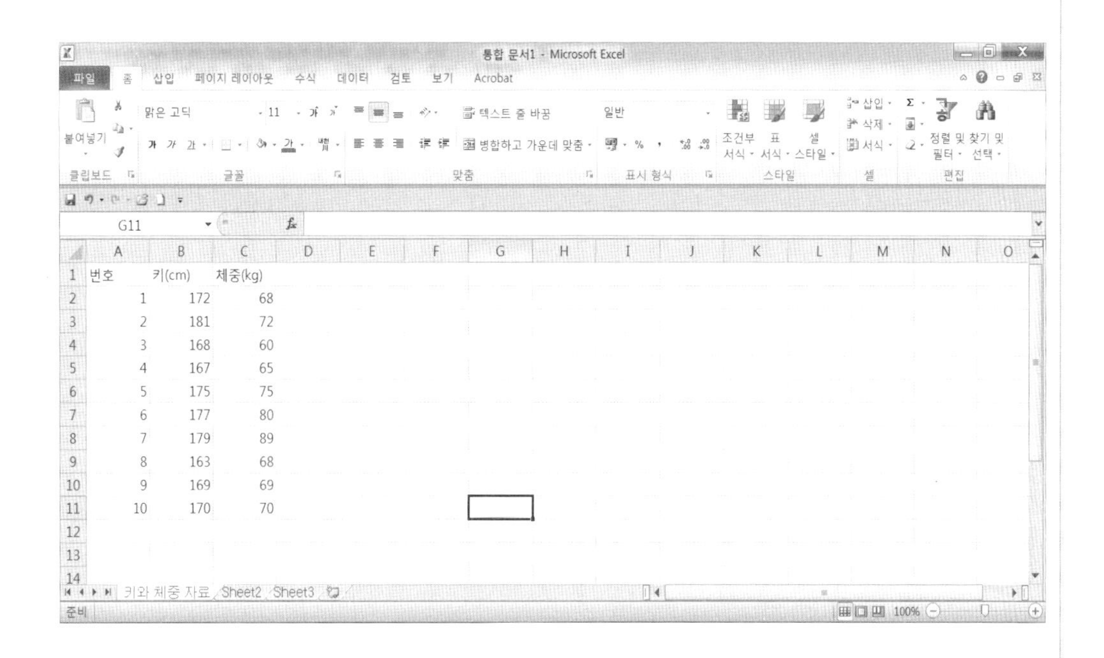

검은 점에 마우스를 갖다 놓으면 ‘+’가 나타나는데 이를 이용하여 동일 패턴 (일련번호 혹은 차이가 동일한 일련번호 등)이나 같은 자료를 마우스를 아래로 혹은 오른쪽으로 이동시켜 채워 넣을 수 있다. 연습해 보자!

실습 1 A1셀에 ‘서울’을 입력시키고, 채우기 핸들로 아래로(혹은 오른쪽으로) 드래그하면 동일한 ‘서울’이 원하는 셀까지 단순 복사된다. B1셀에 ‘1’을 B2셀에 ‘3’을 넣고 두 개의 셀을 선택하여 역시 채우기 핸들을 이용하여 아래쪽으로 드래그인하면 동일한 패턴으로 숫자가 증가하면서 자동 입력된다. 즉 1, 3, 5, 7, 9, ...로 나타난다. 문자와 숫자가 함께 있는 자료(예컨대 1반, 2반, ... 그리고 2001년, 2002년, ...등)에도 역시 동일한 작업이 가능하다. 또한 사용자가 지정한대로 자동 입력되게 만들 수도 있다. 채우기 핸들과 함께 나타나는 박스(자동 채우기 옵션)의 화살표를 클릭하면 다양한 기능을 선택할 수 있도록 메뉴가 나타난다. 그리고 [파일]탭 > [옵션] > [Excel 옵션]대화상자 > [고급]항목 > [사용자지정 목록 편집] > [사용자 지정 목록]대화상자의 [목록항목]에 목록을 입력 > [추가] > [확인]을 누르고 다시 원래의 창으로 돌아오면 된다.

셀의 '서식'을 원하는 대로 설정하면 시트나 셀의 내용을 보기 좋고 이해하기 쉽게 만들 수 있다. 셀 서식은 [홈]탭의 [글꼴], [맞춤], [표시 형식], [스타일]그룹의 도구를 이용하거나 마우스 오른쪽 버튼을 사용하여 [셀 서식]대화상자를 불러내어 지정하면 된다. 이 탭에서 설정할 수 있는 기능으로는 [글꼴(색과 강약 등)], [셀 채우기], [셀 테두리 서식], [맞춤]탭에서 보기 좋은 표를 만들 때 다양한 형태로의 변형도 가능하다. 몇 번의 연습이면 충분히 익힐 수 있을 것이다. 앞에서 입력된 자료를 이용하여 다양하게 실습해 보자!

같은 숫자를 입력시켰어도 셀의 [표시 형식]을 달리하면 다르게 읽힌다. 예컨대 '100'을 입력시킨 후, [표시형식]에서 [백분율]을 선택하면 '10000%'가 되고, [통화]에서 기호를 $로 선택하면 '$100'으로 표시된다. 그리고 [날짜]를 선택하면 '1900-04-09'가 나타나는데, 이것은 1900년 1월 1일부터 100일째 되는 날짜를 의미한다. [회계]를 누르고 역시 '$'을 지정하고 소수 자릿수를 2자리로 지정하면 '$100.000'으로 나타난다. 또한 '123.4567'을 입력하고 [표시형식]에서 [숫자]를 선택한 후, 소수 자릿수를 '2'로 설정하면 '123.46'으로 나타난다. 이외에도 [시간], [분수], 텍스트와 [사용자 지정] 등이 있다. 이런 기능은 자료를 입력시킬 때, 매우 편리하니 자주 연습해 두기 바란다.

(2) 자료나 출력물 불러오기

Excel로 저장된 자료는 당연히 클릭만으로 불러오기가 가능하고, 흔글로 작성된 자료나 DB 등도 모두 불러오기가 가능하다. 필요할 때마다 Excel 관련 책을 참조하기 바란다.

(3) 편집하기

자료를 직접 수정하려면 원하는 셀에 마우스를 이동시키고 두 번 빠르게 클릭한 후, 원하는 내용으로 수정하면 된다. 물론 '수식 입력줄'에서 수정해도 되는데, 원하는 범위의 자료를 마우스나 키보드(Shift키와 셀 이동키를 동시 사용)를 이용하여 지정하고 복사(Ctrl+C)한 후, 원하는 곳에 Ctrl+V를 사용하여 붙여 넣을 수 있다. 물론 자료를 잘라낸 후(Ctrl+X) 붙여 넣기도 가능하다.(흔글 워드와 동일하다.) 행이나 열을 삽입하거거나 삭제할 수도 있다. 삽입하고자 하는 행이나 열의 머리글에 마우스를 놓고 마우스 오른쪽 버튼을 누르면 나타나는 팝업 메뉴에서 원하는 기능(삽입이나 삭제)을 누르면 된다. 또한 같은 방식으로 원하는 자료를 원하는 장소로 이동하는 것도 가능하다. 몇 번 연습하면 쉽게 익힐 수 있을 것이다.

실습 2 입력된 자료를 이용하여 복사하기와 붙여 넣기 그리고 행/열 삽입과 삭제를 연습해 보자!

자료를 입력했을 때, 셀의 너비가 좁으면 입력된 자료가 아니라 '#'로 나타난다. 이때는 열 머리글의 오른쪽 경계선에 마우스를 놓고 너비를 늘려주면 원하는 자료가 나타난다.

실습 3 '2015년 11월 9일'을 입력시켜 보자! '####'가 나타나면 열 머리글의 오른쪽 경계선을 오른쪽으로 늘려보자!

특수문자나 기호 등을 입력하고자 할 때는 **[삽입]탭 > [기호]그룹 > [Ω기호] > [기호]창**에서 원하는 특수문자나 기호를 선택하여 입력시키면 된다. 그리고 한자를 입력시킬 때는 원하는 단어를 마우스로 선택한 후에 키보드의 [한자]를 클릭하여 적당한 한자를 선택하면 된다.

(4) 워크시트 관리하기

자료를 입력시키고 분석하는 부분의 아랫부분에 Sheet1, Sheet2, Sheet3가 적혀 있고, 현재 작성하고 있는 시트가 열려 있다. 새로운 시트를 또 만들 때는 Sheet3 옆의 빈 시트 메뉴(워크시트 삽입)를 누르면 새 시트를 만들 수 있다. 시트가 모두 작성되면 시트의 이름을 바꿔 주는 것이 좋다. 이름을 바꿀 때는 시트 이름에 마우스를 대고 두 번 빠르게 클릭하여 새 이름을 적으면 된다. 아니면 마우스의 오른쪽 버튼을 이용하여 '이름 바꾸기'를 사용하면 된다. 이름을 바꾸는 기능뿐 아니라 오른쪽 버튼의 팝업 메뉴에는 이동과 복사, 삭제, 삽입 등의 작업을 할 수 있는 기능들이 있다. 스스로 연습하기에도 불편함이 없을 것이다.

시트가 모두 완성되면 [파일]탭에서 통합문서(Book)를 [다른 이름으로 저장]하면 된다. 그리고 Excel의 문서는 이렇게 지정된 통합문서 단위로 작업을 하게 된다.

2. 자료 검사 방법

자료를 입력하는 작업은 매우 따분하고 힘든 일이기 때문에 오류가 많이 발생한다. 따라서 자료에 대해 몇 가지 검사 기능을 활용하여 입력할 때부터 잘못된 자료가 입력되지 않도록 자료 검사 기능을 사용하는 것이 좋다. 예컨대 100점이 만점인 성적을 입력시킬 때는 성적이 입력되는 범위에 미리 0점부터 100점 이하의 정수만 입력되어야 한다고 지정한다면 오타로 101점이나 90.5가 입력되는 일이 없다. 또한 중복된 자료를 검사하여 제거할 수도 있다. 이런 작업이 중요한 이유를 살펴보자. 수많은 자료 중에서 한두 개의 자료에서 오류가 발생하였을 때, 전체에 얼마나 큰 영향을 미칠까? 예를 들어, 학생들 10명의 한 달 생활비를 조사하였다. 그들은 모두 30만 원에서 50만 원 정도의 지출을 하였는데, 구체적인 데이터가 {35, 30, 40, 45, 50, 50, 40, 30, 45, 40}이었다.(단위 만 원) 그리고 이 자료를 사용하여 간단하게 산술평균을 구해 보면 '405,000원'이 된다. 그런데 입력할 때 부주의로 한 명의 생활비 50만 원이 그만 500만 원으로 입력되었다고 하자. 단 하나의 자료 변화로 산술평균은 855,000원으로 2배 이상 상승한다. 405,000원은 누가보아도 타당한 결과지만, 855,000원은 누구도 인정하지 못하는 통계가 되어 버렸다.

수많은 자료를 입력하다보면 이런 종류의 오류는 반드시 발생한다. 100% 정확하게 자료가 입력될 것이라고 생각해서는 안 된다. 가능성이 매우 낮더라도 발생할 수 있는 오류를 모두 고려할 필요가 있다. 항상 다른 시각이나 방법으로 이중 삼중의 대비책을 준비하는 습관을 만드는 것이 중요하다.

(1) 데이터의 유효성을 검사하기

처음 자료를 입력할 때, 일반적으로 변수(DB에서는 필드명)마다 자료가 가지고 있는 특성이 있게 마련이다. 예컨대 나이는 0~130까지의 정수이고(130이 넘을 수도 있겠지만...), 성인이라면 19~130세의 사람이 측정 대상일 테고, 성인의 신장이라면 1m~3m 사이가 될 것이다. 물론 130세 이상(세상에서 가장 오래 산 사람은 중국의 리청유엔으로 253세까지 살았다고 한다)과 1m 미만이나 3m보다 큰 사람도 있을지도 모른다.(세상에서 가장 키가 큰 사람은 미국의 로버트 퍼싱 워들로 Robert Pershing Wadlow로 1918년에 때어나 1940년에 죽었는데, 키가 272cm였다고 한다. 가장 작은 사람은 지금도 살아 있는 네팔의 마스터 나우 Master Nau로 40cm이다.) 그러나 극히 드물어 없는 것으로 생각하는 것도 대부분의 경우 타당하다. 성적은 0점 이상이고 100점 이하이며, 수량이나 매출액에도 숫자데이터의 범위가 존재한다. 또한 성(性)은 남자(남 혹은 m) 아니면 여자(여 혹은 f)로 미리 제한 범위를 지정하면 '낭자/낭/나/n' 혹은 '열자/영/g' 등이 입력되는 것을 방지할 수 있다.

Excel에서는 **[데이터]탭 > [데이터 도구]그룹 > [데이터 유효성 검사]**의 대화상자에서 데이터의 범위를 구체적으로 [설정]하고, [오류 메시지]를 지정하면 된다.

(2) 중복된 항목 제거하기

많은 항목(개체)의 자료를 입력하다보면 가끔 두 번 입력하는 경우가 발생한다. 똑같은 사람이나 개체의 자료가 두 번 이상 들어가는 오류는 데이터 유효성 검사로는 알 수 없다. 따라서 데이터를 모두 입력한 뒤에는 반드시 중복된 자료가 있는지를 확인해야 한다. 엑셀의 **[데이터]탭 > [데이터 도구]그룹 > [중복된 항목 제거]**에서 수행한다.

(3) 자료의 오류를 찾는 다른 방법들

이렇게 자료를 입력한 후에도 자료의 오류를 확인하는 작업을 게을리 해서는 안 된다. 자료를 분석하는 과정에서도 부적절한 자료의 존재 유무를 확인할 수 있다. 예컨대 자료의 기초 탐색 방법으로 주로 사용되는 자료의 '빈도(頻度, frequency)분석'에서 엉뚱한 값이 있는지를 확인할 수 있고, '차트'를 그릴 때도 마찬가지로 이상한 값을 찾을 수 있다. 더 자주 사용되는 기능인 자료의 정렬(오름차순 혹은 내림차순)이나 필터링(filtering) 과정에서도 이상한 값의 유무를 확인할 수 있고, 추가분석 기능에서 [순위와 백분율]을 이용하면 모든 자료의 순위가 정렬되기 때문에 자료의 이상 유무를 더 쉽게 확인할 수 있다.

(4) 자료 원본의 보관

잘 입력되었다고 확신하게 되면 자료의 원본은 반드시 깊이깊이 저장해 두고 훼손되지 않도록 하는 습관이 필요하다. 즉 원본 자료(raw data)는 데이터 이름에 원본임을 명시하여 저장해 놓고, 분석 작업에는 원본 데이터를 복사하여 사용하도록 한다. 그리고 원본 자료를 1차 가공한 자료는 역시 1차 가공된 자료라는 표시를 하여 보관한다. 예컨대 자료 이름에 '1'을 붙여 보관하는 것이 좋다. 여러 차례 분석을 하다보면 원본자료와 가공된 자료를 분리하는 것이 어려워지는 경우가 많기 때문이다.

3. 자료 보기와 인쇄

(1) 변수 이름행의 고정

변수(열/필드)도 많고 항목(행/개체)도 많은 DB에서는 자료를 제대로 읽기가 쉽지 않다. 즉 스크롤바를 이용하여 아래쪽으로 행을 이동하며 자료를 확인하다 보면 한 화면에 변수이름(필드 이름)과 항목이 함께 나타나지 않아 특정 셀의 숫자가 무엇을 나타내고 있는지를 모르는 경우가 발생한다. 이렇게 되면 다시 변수 이름이 적힌 첫 번째 행으로 이동하여 이름을 확인해야 하는 매우 번거로운 작업을 반복해야만 한다. 이런 귀찮은 작업을 반복하지 않기 위해서 Excel은 [틀 고정] 기능을 제공한다. [틀 고정] 기능은 변수 이름을 모든 자료를 다 읽을 때까지 고정시키고 자료만 계속 아래로 이동하게 하는 기능이다. 자료의 '변수명이 있는 행 바로 아래에 있는 첫 번째 데이터 셀'을 클릭하여 지정한 후, **[보기]탭 > [창]그룹 > [틀 고정]메뉴**에서 [틀 고정]을 선택하면 된다. 모든 작업이 끝이 난 후에 [틀 고정]을 취소하려면 [틀 고정]메뉴에서 '틀 고정 취소'를 선택하면 된다.

(2) 인쇄 미리보기

Excel을 이용하여 보고서를 만들 때를 제외하고, 작업한 시트를 그대로 인쇄하는 것은 좋지 않다. 특히 A4용지에 결과를 인쇄하고자 한다면, 반드시 인쇄하고자 하는 페이지가 A4 용지에 어떻게 인쇄 되는지를 확인할 필요가 있다. **[보기]탭 > [통합문서보기]그룹 > [페이지 나누기 미리보기]메뉴**를 이용하여 미리 페이지를 나누어 보고 페이지를 조정하는 것이 좋다. 이런 작업은 **[페이지 레이아웃]탭 > [페이지 설정]그룹 > [인쇄영역]**에서도 확인이 가능하다.

사실 Excel은 자료 분석 등의 작업을 하는 기능으로 이용하고, 필요한 결과물만 예쁘게 장식하여 복사한 후, 워드나 파워포인트에 복사하여 사용하는 것이 바람직하다. Excel에서 작업한 모든 내용을 그대로 출력하는 것이 필요한 경우는 극히 드물다.

제2장

수식과 통계함수

1. 수식을 직접 계산하는 방법

지정된 셀이나 수식 입력 창에 원하는 계산을 할 수 있는 수식을 직접 입력하면 된다. 그런데 수식을 계산하고자 할 때는 임의의 셀이나 수식 입력줄에 반드시 '='를 먼저 써야 Excel이 자료를 입력하려는 것이 아니라 수식을 입력하려는 것임을 알게 된다. 일반적으로 함수식을 $f(x) = 3x + 4$의 형태로 쓰는 것과 마찬가지로 '수식 입력창'인 f_x의 오른쪽에 '='를 입력해야 하는 것으로 이해하면 된다. 예컨대 '3+4'의 결과가 알고 싶다면 지정된 셀에 '=3+4'로 입력한 후, 'Enter'를 누르면 계산 결과인 '7'이 그 셀에 출력된다. 단 하나의 값을 계산하기 위해서는 이렇게 직접 숫자를 입력하면 되지만, 주어진 두 수의 집합에서 각각 앞의 수와 뒤의 수를 더하는 패턴으로 계산을 반복하고 싶다면 앞의 수가 입력된 '셀 주소'와 뒤의 수가 입력된 '셀 주소'로 덧셈을 한 후, '자동 채우기 핸들'을 사용하여 반복 계산을 하면 수월하다.

1st. A열에는 앞의 수들인 [A1 : A5]에 {3, 5, 6, 8, 9}를 입력하고, B열에는 뒤의 수들인 [B1 : B5]에 {4, 4, 6, 7, 10}을 입력한다.(A1 : A5는 A1부터 A5까지의 셀 주소를 의미한다.)

2nd. [C1]셀에 '=A1+B1'을 입력한 후 'Enter'를 치면 '7'이 출력된다.(여기서 A1과 B1을 입력하기 위해서 키보드를 이용할 필요가 없이, 단지 마우스로 해당 셀을 클릭만 하면 된다.)

3rd. [C1]셀의 자동 채우기 핸들을 아래로 드래그인하면 자동으로 다음 셀의 자료들을 이용해서 같은 패턴의 덧셈이 반복 계산된다.

셀 주소를 입력하여 계산한 뒤에 자료를 수정하면 계산 결과 값 역시 자동으로 수정된다. 셀 주소를 입력하여야 하는 이유가 바로 여기에 있다. Excel에서는 모든 사칙 연산(+, -, /, *)뿐 아니라 지수(예컨대 2^5=2^5, e^3=exp(3))와 로그(log()) 그리고 제곱근($\sqrt{2}$=sqrt(2)) 등의 계산이 가능하다.

실습 1 다음은 10명의 학생들의 키(cm)와 체중(kg) 자료이다.

번호	체중(kg)	키(cm)
1	55	160
2	50	165
3	45	155
4	80	170
5	42	180
6	60	177
7	44	158
8	70	173
9	83	185
10	60	170

▌문제1 ▌자료를 Excel 시트에 입력하여라.

▌문제2 ▌체중과 키의 합과 평균을 구하여라.

▌문제3 ▌체질량지수(BMI)를 구하여라. 여기서 $BMI=$ 체중$(kg)/$키$^2(m)$이다.

▌문제4 ▌체중과 키의 표준편차를 각각 구하여라.

여기서 표준편차 공식은 $\sqrt{\frac{1}{10}\sum_{i=1}^{10}(x_i - \text{평균})^2}$ 이다.(표준편차는 산술평균을 중심으로 자료들이 얼마나 퍼져 있는지를 나타내는 척도이다. 이 값이 크면 자료가 평균을 중심으로 많이 흩어져 있다는 의미가 되고, 작다면 평균을 중심으로 밀집되어 있다는 의미가 된다.)

채우기 핸들로 수식 계산 결과가 출력된 후, 이 결과를 다른 곳으로 복사할 때 주의해야 한다. 일반적인 복사방법으로 출력 결과를 마우스로 범위를 지정한 후, 복사하고 붙여넣기를 하게 되면 원하는 결과가 나타나지 않는다. 그 이유는 수식 계산에서 참조한 셀 주소가 달라지기 때문이다. 이런 경우에는 원하는 셀을 복사한 후, 복사된 결과 밑의 '붙여넣기 옵션'의 ▼를 클릭하여 '값 및 숫자 서식' 옵션을 선택해야 한다. 그러면 수식의 결과와 함께 숫자에 지정된 서식까지 복사가 된다.

2. 자주 사용되는 통계함수

(1) 자동합계 - [Σ자동합계▼]

자료를 탐색할 때, 가장 많이 사용되는 통계는 무엇일까? 자료가 있는 곳이라면 어느 곳이나 '평균(AVERAGE)'과 '합계(SUM)'가 등장한다. 평균은 수많은 전체 자료를 단 하나의 숫자로 요약한 대푯값이고 흩어진 전체자료의 (무게) 중심을 나타내기 때문에 가장 필요로 하고 가장 많은 의미를 가진 통계로 널리 이용되고 있다. 평균을 구한 후에는 평균을 기준으로 '평균 이하' 혹은 '평균 이상'으로 자료를 구분할 수도 있기 때문에 자료를 분류하는 기준으로 종종 사용된다. 또한 아주 이례적인 경우를 제외하고 평균 주변에 가장 많은 자료가 몰려 있기 때문에 평균은 주목을 받을 수밖에 없다. 합계도 마찬가지다. 총 매출액이나 총 매출 개수 그리고 순위를 정할 때도 합계는 중요한 역할을 담당한다. 그리고 평균을 구하기 위해서는 반드시 합계가 필요하기도 하다. 평균과 합계 이외에도 많은 사람들이 현재 자료 탐색에 사용된 '자료의 개수(COUNT)', 전체 자료의 '최댓값(MAX)'과 '최솟값(MIN)'을 알고 싶어 하기 때문에 이런 값들을 쉽게 구할 수 있도록 Excel은 [자동 합계]라는 도구를 제공하고 있다. 평균과 합계, 숫자 개수와 최댓값과 최솟값은 [홈]탭의 오른쪽 끝과 [삽입]탭의 왼쪽에 [Σ자동합계▼]에서 ▼단추를 누르면 메뉴 팝업창에 나타난다. 원하는 통계를 선택하면 나머지는 Excel이 알아서 질문을 던지고 우리는 맞으면 'Enter'키를 누르면 되고, 틀리면 수정한 후, 'Enter'키를 누르면 원하는 셀 주소에 원하는 값이 나타난다.

실습 2 성적의 평균과 합계 개수와 최댓값, 최솟값을 구해보자.

이름	국어	수학	영어
홍길동	90	90	90
전우치	80	80	80
백두산	70	70	70
마동탁	60	70	60
설까치	90	80	90
엄지	100	80	90

| 문제1 | 자료를 Excel 시트에 입력하여라.

| 문제2 | 홍길동의 합계와 평균 그리고 총 과목 수와 최대와 최소점수를 구하여라.

| 문제3 | 다른 학생들의 점수에 대해서도 5개의 통계를 자동 채우기 핸들을 이용하여 구하

여 보자.([수식 입력창]에 나타난 셀 주소의 변화에 주목하자!)

| 문제4 | 국어점수의 합계와 평균, 개수 그리고 최대와 최소 점수를 구하여라.

| 문제5 | 수학과 영어 점수의 5개 통계를 역시 자동 채우기 핸들을 이용하여 구하여 보자.

최종 결과는 아래 표와 같다.

이름	국어	수학	영어	합계	평균	숫자개수	최대값	최소값
홍길동	90	90	90	270	90	3	90	90
전우치	80	80	80	240	80	3	80	80
백두산	70	70	70	210	70	3	70	70
마동탁	60	70	60	190	63.3	3	70	60
설까치	90	80	90	260	86.7	3	90	80
엄지	100	80	90	270	90	3	100	80
합계	490	470	480					
평균	81.7	78.3	80					
숫자개수	6	6	6					
최대값	100	90	90					
최소값	60	70	60					

행과 열에 '합계'를 구할 때는 아무 문제가 없다. 즉 합계를 적어 넣을 셀을 마우스로 클릭한 후, [Σ자동합계▼]에서 ▼단추를 눌러 '합계(S)'를 선택하면 자동으로 Excel이 네온사인 같이 반짝이며 '이 자료들을 합산하는 것이 맞습니까?'라고 질문을 한다.(진짜 질문하지는 않고 나는 그렇게 읽었다는 말이다. 그리고 자동합계를 이용하여 합계를 구하면 수식을 직접 계산할 때 가장 앞에 입력시켜야 할 '='가 필요 없다.) 만일 Excel이 지정한 자료의 범위가 정확하다면, 그냥 'Enter'키만 누르면 합계가 나타난다. 그런데 다음 열/행에서 '평균(A)'를 구할 때는 조금 주의를 해야 한다.

Excel은 합계까지 포함하여 '이 자료들의 평균을 구하면 되는지'를 묻는다. 그런데 평균을 구할 때 합계를 포함하면 안 되기 때문에 평균을 구할 자료의 영역을 마우스로 수정해 주어야 한다. 그리고 'Enter'키를 누르면 평균이 나타난다. 다른 통계들도 마찬가지다. 그리고 마동탁과 설까치의 평균이나 국어와 수학의 평균을 구하면 63.33333, 86.66667, 81.66667, 78.33333가 된다. 모양이 좋지 않다. **[홈]탭 > [표시형식]그룹 > [숫자]** 선택하고 소수 자릿수를 '1'로 지정하면 각각 63.3, 86.7, 81.7, 78.3으로 바뀌어 모양이 약간 좋아지게 만들 수 있다.(Excel에 숫자를 입력한 후, [홈]탭 > [맞춤]그룹 > [테두리]에서 '윤곽선'과 '안쪽'을 선택하여 테두리를 만들 수 있고 선의 종류도 지정하면 테이블이 더 보기 좋아진다.)

(2) 함수마법사 - [f_x]

Excel은 수학, 통계, 논리 그리고 공학과 회계 등의 유명한 함수를 손쉽게 계산할 수 있도록 [수식]탭의 [함수 라이브러리]그룹을 제공한다. [함수 라이브러리]그룹에는 [재무], [논리], [텍스트], [날짜 및 시간], [찾기/참조 영역], [수학/삼각], [함수 추가]메뉴가 있고, [함수 추가]에는 [통계], [공학], [큐브], [정보]와 [호환성]이 있다. 계산하고 싶은 함수가 포함된 범주에서 필요한 함수이름을 선택한 후, 적절한 정보(예컨대 입력 자료 범위, 원하는 출력 결과 그리고 출력 위치 등)를 입력하기만 하면 쉽게 결과를 계산할 수 있다. 더 간단한 방법으로는 화면에 항상 포함되어 나타나는 [수식 입력창]의 앞에 있는 **[f_x]**나 **[수식]탭 > [f_x 함수삽입]**을 선택하면 [함수마법사]창이 나타나고, 이 창에서 원하는 함수를 찾으면 된다. 물론 '='를 먼저 입력할 필요도 없다.

[함수마법사]는 매우 편리하지만, 한 가지 단점이 있는데 영어로 간단하게 축약된 함수 이름을 알고 있어야 한다는 점이다. 그러나 실무에서는 자주 이용되는 몇 가지만 알면 대부분의 상황에서 별로 불편하지 않다. 이 장에서는

자료탐색을 위해서 일반적으로 사용되는 통계관련 함수와 실무에서 종종 사용되는 몇 가지 논리함수에 대한 설명만을 하도록 하겠다.

① 조건에 맞는 합을 구하는 함수 – [SUMIF]와 [SUMIFS]

[SUMIF]나 [SUMIFS]함수는 조건에 맞는 개체만의 합을 구하고자 할 때 사용하는 함수다. 다음과 같은 순서로 함수를 계산한다.

1st. 출력할 셀을 선택한다.

2nd. [f_x]를 눌러 [함수 마법사]창의 [수학/삼각]범위를 선택한 후, [SUMIF]를 클릭한다.

3rd. SUMIF(range, criteria, sum_range)에 정보를 입력한다. 여기서 range는 조건을 적용시킬 자료의 범위이고, criteria에 숫자나 수식 혹은 텍스트 형태의 조건을 입력시키고, sum_range는 합을 구하고자 하는 범위를 지정하면 된다.

실습 3 다음 자료에서 1학년 학생들의 국어 성적을 모두 합하여 보아라.

이름	학년	국어	수학	영어
홍길동	1	90	90	90
전우치	1	80	80	80
백두산	2	70	70	70
마동탁	3	60	70	60
설까치	3	90	80	90
엄지	1	100	80	90

range에는 '학년'의 자료범위를 마우스로 지정한다.

criteria에는 '1'을 입력시킨다.

sum_range에는 '국어'의 성적이 있는 범위를 입력시킨다.

그러면 결과는 '270'이 된다.

이 자료를 이용해서 1학년의 수학과 영어성적으로 구하려면 어떻게 하면 될까? 앞에서와 같이 손쉽게 구하기 위해 [자동 채우기 핸들]을 사용하면 될까? 이 문제에서 [자동 채우기 핸들]을 사용하면 수학과 영어의 합계 점수는 '0'으로 나타난다. 즉 자동 채우기 핸들을 그대로 사용하면 안 된다는 말이다. 수학 합계의 '0'을 클릭하여 '0'이 나오게 된 이유를 알아보기 위해 [수식 입력줄]을 살펴보면, range부분이 '학년'이 아닌 '국어' 자료인 것을 확인할 수 있다. [자동 채우기 핸들]을 아래 혹은 오른쪽으로 이동시키면 셀 주소가 다음 열 혹은 행의 번호로 자동 변경되는데, 여기서는 '학년' 자료가 오른쪽의 '국어' 자료로 자동 이동하게 된다. 따라서 국어 점수에 '1'이라는 자료가 없기 때문에 조건에 맞는 성적이 없게 되고 따라서 합이 '0'이 되었다. 영어도 마찬가지다. criteria는 '1'로 고정되어 있으니 문제가 없고, sum_range는 자동적으로 한 열이 변화하여 수학 점수가 입력되니 문제가 없다. 이 문제를 해결하기 위해서는 range 영역이 '고정'되어 있어야 한다. Excel에서 '참조'할 영역을 고정시키기 위해서는 '$'를 행과 열 번호 앞에 적어주기만 하면 된다. 즉 '270'이 나타난 국어 합계의 [수식 입력창]에서 직접 알파벳 열 번호 앞에 '$', 숫자 행 번호 앞에 '$'를 입력하기만 하면 조건에 맞는 수학과 영어 점수의 합계를 구할 수 있다. 더 편리한 방법도 있다. 자료 범위의 시작 주소 앞에 커서를 놓고 [F4]를 누르면 자동으로 셀 주소의 열과 행에 모두 '$'가 나타난다. 끝 주소에 커서를 옮겨 놓고 역시 [F4]를 누르면 '$'가 나타나 문제가 해결된다.([F4]를 연달아 세 번 눌러보고 $이 나타나는 위치를 살펴보자!) 조건에 맞는 국어 점수의 합은 변함없이 '270'이고, [자동 채우기 핸들]을 오른쪽으로 이동시키면 수학과 영어 점수의 합도 올바른 답인 '250'과 '260'이 각각 출력된다.

이렇듯 셀 주소에 '$'가 붙여 셀을 참조하는 방식을 '절대참조'라고 한다. (예컨대 A1) 그리고 셀 주소에 '$'가 없이 셀을 참조하는 방식을 '상대참조'라고 한다.(예컨대 A1) 상대참조와 절대참조는 셀 주소의 열과 행에 모두 '$'가 붙거나 붙지 않지만, '혼합참조'는 그중 하나에만 '$'가 붙어 있는 셀 참조 방식이다.(예컨대 $A1 혹은 A$1) '$' 하나 때문에 결과가 엉망이 될 수 있으니, 함수를 이용하여 결과를 출력하고자 할 때는 매우 신중해야 하고, 특히 [자동 채우기 핸들]을 사용할 때는 정확한 참조를 사용했는지를 다시 한 번 확인하는 습관을 기르는 것이 좋다.

실습 4 위의 자료로 1학년 국어 수학 영어의 평균을 구하여 보자.

[SUMIFS]는 복수조건에 맞는 자료의 합을 구할 때 사용한다. 그런데 [SUMIFS]에 입력시킬 정보는 [SUMIF]와는 순서가 다음과 같이 약간 다르니 주의해야 한다.

SUMIFS(sum_range, criteria_range1, criteria1, criteria_range2, criteria2, ...)

실습 5 1학년이고 남학생의 국어 성적만 합하여 보자.

이름	학년	성별	국어	수학	영어
홍길동	1	남	90	90	90
전우치	1	남	80	80	80
백두산	2	남	70	70	70
마동탁	3	남	60	70	60
설까치	3	남	90	80	90
엄지	1	여	100	80	90

sum_range에는 국어 성적의 범위를 입력시키고, criteria_range1에는 학년 자료 범위를 입력시키고, criteria1에는 '1'을 입력시키면 하나의 조건은 완성된

다. 다음 조건으로 criteria_range2에는 '성별' 자료 범위를 입력시키고, criteria2에는 "남"을 입력시키면 두 개 복수 조건이 모두 입력되었다. 물론 sum_range 셀 주소는 상대참조지만 criteria_range1과 criteria_range2의 셀 주소는 '절대참조'가 되어야 [자동 채우기 핸들]을 사용하여 수학과 영어 성적도 구할 수 있음을 잊지 말아야 한다.

<실습 5>에서 학년의 자료는 숫자이기 때문에 그냥 숫자 '1'을 입력시켜도 되지만(="1"도 가능), 문자인 성별의 자료는 문자이기 때문에 그냥 '남'으로 입력하면 안 된다. 이때는 "남"이라고 입력해야 Excel이 정확하게 인식한다.

조건에 맞는 개체들의 평균을 구하는 [AVERGEIF], [AVERAGEIFS]와 조건에 맞는 개체 수를 구하는 [COUNTIF], [COUNTIFS]도 [SUMIF], [SUMIFS]와 같은 방식으로 종종 사용된다.

조건에 맞는 셀의 개수를 구하는 다른 함수로 [COUNTA]와 [COUNTBLANK]도 있다. COUNTA(value1, value2, ...)는 데이터의 종류와는 상관없이 자료 값이 있는 셀의 개수를 구하는 함수이고(예컨대 합격자의 수 등), value에는 값의 유무를 확인할 자료의 범위를 입력하면 된다. 이와는 반대로 COUNTBLANK(range)는 값이 없는 셀의 개수를 구하는 함수로(예컨대 결시자의 수 등), range에는 역시 값의 유무를 확인할 자료의 범위를 입력하면 된다.

실습 6 자격증이 있는 사람의 수와 없는 사람의 수를 구하여라.

자료의 수가 작아 눈으로도 확인이 가능하지만, 수백 명에 대한 자료가 있다고 가정하고 문제를 풀어 보자.

이름	국어	수학	영어	자격증
홍길동	90	90	90	MOS엑셀
전우치	80	80	80	
백두산	70	70	70	컴활1급
마동탁	60	70	60	
설까치	90	80	90	
엄지	100	80	90	컴활1급

[COUNTA]와 [COUNTBLANK]의 인자에 모두 '자격증'의 자료를 입력시키면, COUNTA=3, COUNTBLANK=3이 된다.

② 곱한 값들의 합을 구하는 함수 - [SUMPRODUCT]

각 항목의 변수 값들을 서로 곱한 후, 합계를 구하고자 할 때 사용한다. 예컨대 5개 품목이 업체에 보내진 수량이 각각 다르고 단가도 다를 경우, 총 합을 구할 때는 각 품목마다 (수량×단가)를 이용하여 매출액을 구하고 5개 품목을 모두 더하면 되는데, 이를 한 번에 계산하도록 도와주는 함수가 SUMPRODUCT(array1, array2, array3,....)이다. 여기서 array는 다른 범위의 자료와 곱할 숫자가 있는 셀 영역이다. 사실 [SUMPRODUCT]를 몰라도 답을 구하는 데는 큰 어려움이 없다. 즉 조금 복잡하지만 상품1의 매출액을 '=수량×단가' 수식을 직접 입력시켜 매출액을 구하고, [자동 채우기 핸들]로 다른 상품들의 매출액을 구한 후, [자동 합계]의 [합]을 이용하여 구할 수도 있다.

실습 7 다음 자료의 총 매출액을 [SUMPRODUCT]로 구하여라.

상품명	단가(원)	수량(개)
상품1	10,000	100
상품2	20,000	80
상품3	30,000	70
상품4	40,000	60
상품5	50,000	50

1st. 총 매출액을 출력할 셀을 지정한다.

2nd. [f_x] > [함수마법사]의 범주에서 [수학/삼각]을 지정한 후, [SUMPRODUCT]를 선택한다.

3rd. array1에 '단가' 자료를 입력하고, array2에 '수량' 자료를 입력 시킨 후, 'Enter'를 누른다.

총 매출액은 '9,600,000'이 된다.

③ 순위를 구하는 함수 - [RANK.EQ]와 [RANK.AVG]

모두 순위를 구하는 함수인데, 전자는 같은 값들의 순위를 하나의 동일한 순위(RANK.EQ)로 나타내는 함수이고, 후자는 같은 값들의 순위를 평균 순위(RANK.AVG)로 나타내는 함수이다. 출력 결과는 다를 수 있지만, 입력해야 할 인수의 내용은 모두 동일하다. RANK.EQ(number, ref, order)에서 number에는 구하고자 하는 학생(홍길동)의 평균점수를 클릭하여 셀 주소를 입력하면 되고, ref는 홍길동의 순위를 구할 때 참조(비교)해야 할 모든 학생들의 평균성적을 지정하여 입력하면 된다. 이때 반드시 '절대참조' 사용해야 한다. order에는 '0/1/빈칸'을 입력하면 내림차순으로, 다른 숫자를 입력하면 오름차순으로 순위가 나타난다. 여기서는 높은 점수가 낮은 순위를 갖는 것이 관례이므로 내림차순으로 정리하면 된다.

실습 8 〈실습 5〉의 자료에서 각 학생들의 3과목 평균점수로 석차를 [RANK.EQ]와 [RANK.AVG]를 이용하여 각각 구하면, 홍길동과 엄지의 순위는 [RANK.EQ]에서는 '1위'와 [RANK.AVG]로는 '1.5위'가 되고, '3위'는 설까치, '4위'는 전우치, '5위'는 백두산이고 '6위'는 마동탁으로 동일하게 나타났다.(예컨대 홍길동의 순위를 구하는 방법을 살펴보면, 먼저 홍길동의 성적으로 구하면 number에는 홍길동의 평균 성적인 '90'의 셀 주소를 마우스로 입력하고, ref에는 모든 학생들의 '평균' 점수를 역시 마우스로 입력하고 [F4]를 눌러 절대참조로 변환시키고, order에 빈칸으로 놓아둔다.)

참고 상위/하위 k-번째 순위 정하는 함수 – [LARGE/SMALL]

상위 혹은 하위의 특정 순위를 구할 필요가 있을 때가 있는데, 이런 상황에서는 LARGE(array, k) 혹은 SMALL(array, k)를 사용한다. array는 '절대참조'로 순위를 정하기 위해 비교해야 할 자료 범위의 셀 주소를 마우스로 입력하고, k는 구하고자 하는 상위/하위 순위를 지정하면 된다.

실습 9 〈실습 8〉에서 '상위 3위'와 '하위 2위'를 각각 구하려면, array에는 평균점수들의 셀 주소를 절대참조로 입력하고 k에는 '3'과 '2'를 입력하면 된다. 결과는 86.66667(설까치)과 70(백두산)이다.

④ 분위수를 구하는 함수 – [QUARTILE.EXC]와 [QUARTILE.INC]

전체 자료를 순서대로 나열하고 '하위 25%(1분위수=상위 75%, Q_1)', '하위 50%(2분위수=중앙값=상위 50%, Q_2)', '하위 75%(3분위수=상위 25%, Q_3)'에 위치한 자료로 전체 자료를 4등분한 분위수(分位數)가 자주 이용된다. 즉 자료의 값이 아니라 '자료의 개수'로 25%, 50% 그리고 75%로 나누는 방법이다. 이때 사용되는 함수식은 [QUARTILE]인데 자료를 입력하고, '1'을 선택하면 하위 25%인 값인 1분위수 '2'는 하위 50%인 중앙값(중위수)을 그리고 '3'은 하위 75%인 3분위수의 값을 출력한다. [QUARTILE]은 두 개의 함수가 있는데, 하나는 경계값을 제외하고 분위수를 구하는 함수식인 [QUARTILE.EXC]이고, 다른 하나는 경계값을 포함하여 분위수를 구하는 함수식인 [QUARTILE.INC]이다.

실습 10 9개의 자료인 {1, 2, 3, 4, 5, 6, 7, 8, 9}에서 [QUARTILE.EXC]와 [QUARTILE.INC]를 사용하여 '1분위수'와 '2분위수' 그리고 '3분위수'를 각각 구하면 순서대로 {2.5, 5, 7.5}와 {3, 5, 7}이 된다. [QUARTILE.EXC]에서는 중앙값인 '5'를 제외하고 {1, 2, 3, 4} 중에서 다시 중앙값을 구하였기 때문에 2.5가 되고, [QUARTILE.INC]에서는 중앙값인 '5'를 포함한 {1, 2, 3, 4, 5}에서 다시 중앙값을 구하였기 때문에 '3'이 된다.

참고1 사분위수 범위(IQR, inter-quartile range)

범위는 '최댓값-최솟값'으로 구할 수 있다. 구하기도 쉽고 의미를 읽기도 쉽지만 너무 단순한 값이다. 즉 중간에 있는 수많은 값들에 대한 정보를 모두 무시한 통계로 정보의 손실이 크다. 따라서 전체 자료가 얼마나 흩어져 있는가를 알고자 할 때, 범위만으로는 많은 정보를 얻기 어렵다. 이런 범위의 단점을 약간 보완한 통계가 바로 '사분위수 범위'다. 사분위수 범위는 '$Q_3 - Q_1$'로 구한다. 즉 중앙값인 Q_2를 중심으로 전체 자료 개수의 50%가 흩어져 있는 범위를 나타낸다. 사분위수 범위가 작다면 50%의 자료가 중앙값을 중심으로 매우 밀집되어 있다는 뜻이고, 사분위수 범위가 크다면 중심부분에 50%의 자료가 느슨하게 퍼져 있다고 해석하면 된다. 사분위수 범위는 두 개 이상의 집단에서 중심부분의 50% 자료가 흩어진 정도를 비교할 때 많이 사용된다. 예컨대 남자들의 점수나 소득과 여자들의 점수나 소득을 비교할 때 사용된다.

참고2 백분위수 - [PERCENTILE.EXC]와 [PERCENTILE.INC]

사분위수는 전체 자료의 개수를 4개 범위로 나누지만, 우리에게 많이 익숙한 백분위수는 전체 자료를 100개의 부분으로 나눌 수 있다. 좀 더 자세하게 자료의 위치를 확인할 수 있다. 자료를 입력한 후, 0~1까지의 k값을 입력하면 원하는 통계를 구할 수 있다.

⑤ 논리함수 – [IF], [AND], [OR] 그리고 [NOT]

5000명의 학생이 시험을 보았다. 이 중 80점 이상이면 “통과(혹은 pass)”이고 그렇지 않으면 “실패(혹은 fail)”다. Excel은 이런 상황을 손쉽게 해결할 수 있는 함수식인 [IF]를 제공한다. 대표적인 논리함수인 IF(logical_test, value_of_true, value_of_fail)에서 logical_test에는 판정을 하게 되는 조건을 적고, value_of_true에는 판정을 받는 해당 자료가 조건이 맞는다면(‘참’이라면) 무엇이라고 판정할지를(예컨대, “통과” 혹은 “pass” 혹은 “합격” 등) 적으면 된다. 또한 value_of_fail에는 반대로 조건에 맞지 않을 때 무엇이라고 판정할지를(예컨대, “실패” 혹은 “fail” 혹은 “불합격” 등) 입력한다.

실습 11 〈실습 2〉의 성적 자료로부터 평균이 80 이상이면 “통과”이고 그렇지 않으면 “실패”라고 판정하여라.

logical_test에는 ‘홍길동의 평균점수>=80’를, value_of_true에는 “통과”를, 그리고 value_of_fail에는 “실패”라고 입력하면 된다. 결과는 백두산과 마동탁만 “실패”이고 다른 학생들은 모두 “통과”했다.

판정 결과가 여러 가지일 경우에는 [IF]를 중첩하여 사용하면 된다. 예컨대 위의 자료에서 평균이 90점 이상이면 “A”이고, 90점 미만이면서 80점 이상이면 “B”이고 80점 미만이면 “C”라고 적고 싶다면, IF(홍길동의 평균 점수>=90, “A”, IF(홍길동의 평균 점수>=80, “B”, “C”))이라고 입력하면 된다. 각자 실습해 보도록!

여러 조건을 동시에 만족하는지를 판정하기 위해서는 AND(logical1, logical2, ...)함수를 사용하고, 여러 조건 중 하나 이상 만족하는지를 판정하기 위해서는 OR(logical1, logical2, ...)를, 그리고 조건에 맞지 않는지를 판정하기 위해서는 NOT(logical) 함수를 사용하면 된다.

실습 12 〈실습 2〉의 자료에서 유일한 여학생인 엄지의 점수는 국어가 100점이고 수학이 80점, 그리고 영어가 90점이다. 엄지의 점수로 "우수"와 "과락"과 "통과"를 판정하고 싶다. "우수" 판정의 조건은 모든 과목이 90점 이상이고, "과락" 판정은 한 과목이라도 70점 미만이고, 그리고 평균이 80점 이상이고 수학 성적이 70 미만이 아니면 된다. 우수 판정을 위해서는 IF(AND(국어점수>=90, 수학점수>=90, 영어점수>=90), "우수", "")를 사용하면 되고, 과락 판정을 위해서는 IF(OR(국어〈70, 수학〈70, 영어〈70), "과락", "")를 사용하고, 통과판정을 위해서는 IF(AND(평균>=80, NOT(수학〈70)), "통과", "")를 사용한다. 확인해 보라!

⑥ 날짜를 계산하는 함수 – [DATE]와 [DATEDIF]

작업을 시작한 날부터 작업을 그만 둔 날까지를 계산한 후에 일당을 지급하고자 한다. 그런데 서류에는 해당 직원의 입사한 날짜와 퇴사한 날짜만 기록되어 있다. 이 경우 근무한 날의 수를 자동으로 계산할 수 있도록 제공된 함수가 [DATEDIF]이다. [DATEDIF]에 (start_date, end_date, return_type)를 입력하면 되는데, 각각 '시작일', '종료일' 그리고 '간격'을 입력하면 된다. '간격'을 구하는 옵션에는 "y", "m"과 "d" 등을 선택할 수 있는데, 각각 '년', '월' 그리고 '일'이다. 예컨대 홍길동 군과 성춘향 양이 연애를 시작한 날짜가 2015년 3월 1일이었고, 오늘은 2015년 11월 11일이다. 연애를 한 날은 총 며칠일까? 먼저 시작일과 종료일은 각각 Excel 시트의 셀에 입력한다.(아니면 직접 따옴표와 함께 "2015-3-1"과 "2015-11-11"을 입력하면 된다.) 그리고 [DATEDIF]에 시작일과 종료일의 '셀 주소'를 각각 입력하고, return_type에는 따옴표와 함께 "d"를 입력하면, 255일이 나온다. 달력을 들추지 않고 Excel로 쉽게 계산이 가능하다.

주민등록번호의 앞 6자리 숫자로 나이를 알 수 있는 방법도 있다. 사람들은 주민등록번호 앞 6자리가 '생년월일'인지 모두 알고 있지만, Excel은 모른다. 알려주어야 한다. 예컨대 어떤 학생의 주민등록 앞 6자리의 숫자가 A1셀에 900227-*******로 입력되었다고 하면, '=DATE(LEFT(A1,2), MID(A1,3,2), MID(A1,5,2))'를 구하면 1990년 2월 27일이 생일인 것을 확인할 수 있다. 여기서 주민등록번호 900227-*******이 'A1 셀'에 입력되어 있을 때, LEFT(A1,2)는 주민등록번호 6자리 중 왼쪽부터 2자리의 숫자로 '년(年)'를 구하는 함수이고, MID(A1, 3,2)는 주민등록번호 6자리 중 중간 3번째부터 2자리 수로 '월(月)'을 구하는 함수고, MID(A1,5,2)는 주민등록번호 6자리 중 5번째부터 2자리 수로 '일(日)'을 구하는 함수이다.

사실 [LEFT]와 [MID] 함수는 [RIGHT]와 더불어 대표적인 텍스트 함수이다. 위의 예제에서와 같이 주민등록번호의 앞 6자리 숫자 중에서 왼쪽으로부터 혹은 중간에서 혹은 오른쪽에서부터 2자리 숫자만 읽고 싶을 때 사용 가능한 함수식이다. 또 다른 사용 사례는 물품코드에서 생산연도만을 추출하여 사용하고자 할 때나 사원번호에서 입사연도 혹은 입사 때 어떤 부서에서 근무했는지 등을 알고 싶을 때 사용한다.

실습 13 어떤 사람의 주민등록번호 앞 6자리 수는 880201이다. 그렇다면 몇 살일까?

혹시 당신이 태어난 날(예컨대 1988년 2월 1일)이 무슨 요일인지를 확인하고 싶다면 WEEKDAY("1988-2-1")을 입력하면 1(일요일)~7(토요일)의 숫자로 나타나는데, 1988년 2월 1일은 '2'로 나오고 월요일이라는 뜻이다.

Part Ⅱ
정리

제3장

자료 정리

'문제가 발생했다. 도무지 그 이유를 알 수 없는 혼란스러운 상태다. 왜 이런 문제가 발생했을까? 현재의 상태가 어떤지를 정확히 알아야 대책을 마련할 텐데...' 이런 상황은 흔히 발생한다. 당신은 이런 상황에서 어떤 해결 방법을 가지고 있는가? 나름대로 지금까지 익힌 문제 해결을 위한 효과적인 방법이 있겠지만, 무엇보다도 현재의 상태를 정확하게 파악하는 것이 가장 시급하고 중요하지 않을까 싶다. 어떻게 파악하면 될까? 현재의 상태를 냉정하고 객관적으로 파악하려면 '자료'에 의존하는 것이 가장 좋다. 따라서 먼저 지금의 문제와 관련된 중요 변수들의 자료를 수집하고, 이 자료를 Excel을 이용하여 정리하고 분석한 후 정보를 만들어내는 방법을 사용할 필요가 있다. Excel은 자료를 정리하고 요약하는 데 있어서 다른 소프트웨어보다 훨씬 탁월한 기능을 보유하고 있다. 특히 입력된 자료를 간단하게 '정렬'하거나 '필터' 기능을 사용하여 필요한 자료를 추출하거나 이를 '피벗 테이블(표)'로 정리한 후, '차트'를 그리는 작업을 매우 쉽게 할 수 있다. 자료를 정렬하고 필터링하는 것만으로도 꽤 괜찮은 정보를 얻을 수 있다. 예컨대 다양한 변수로 자료를 내림차순이나 오름차순으로 정렬한 자료는 순위를 알려주고 이를 통해 다른 자료와의 비교도 가능해진다. 또한 성별을 통해 필터링한 자료에서는 남자와 여자의 특성을 비교하는 데 유용하고, 대리점별로 필터링한 자료로 각 대리점의 특성을 비교할 수도 있다. 또한 Excel은 다른 도구들보다도 특히 다양한 표를 손쉽게 만들 수 있는 '피벗 테이블'과 다양한 '차트'를 그릴 수 있는 기능을 가지고 있다. 표와 그림으로 정리된 자료는 무질서하고 패턴이 나타나지 않은 복잡한 자료를 깔끔하게 분류하여 정리해 준다. 이 기능은 당신이 취업하여 업무를 수행할 때 아마도 가장 많이 사용해야 하는 기능일 것이다. 꼭 익숙하게 사용할 줄 알아야 한다. 각종 미디어나 교재 혹은 보고서나 논문에 깔끔하게 정리된 표들의 대부분이 Excel의 피벗 테이블 기능으로 만들 수 있다.

사실 표와 차트로 자료를 정리하는 방법이 가장 먼저 해야 하는 분석방법이긴 하지만 정보를 전달하기에 한계가 존재한다. 가장 많이 지적되는 한계는 주관적일 수 있다는 점이다. 많은 사람들에게 쉽게 정보가 전달되기도 하지만 해석에 있어서 각자의 주관이 많이 포함된다. 이런 단점을 보완해 주기 위해서는 객관성이 보장된 기본적인 통계를 같이 사용하면 된다. Excel은 [기술(記述, descriptive) 통계법]이라는 기능('추가기능'에 포함되어 있다)을 가지고 있는데, [기술통계법]으로 구할 수 있는 통계들은 자료의 중심에 대한 정보를 제공해 주는 평균(산술평균, 중앙값 그리고 최빈값)과 평균으로부터 자료가 얼마나 넓게 퍼져 있는지를 알려주는 산포(범위, 분산 그리고 표준편차) 그리고 자료가 어떤 모양으로 분포되어 있는지(대칭에 관련된 통계인 왜도와 평균 주변에 얼마나 자료가 밀집되어 있는지를 알려주는 첨도)에 대한 정보를 제공해 준다.

1. 정렬과 필터를 이용한 자료정리

자료를 정렬하고 필터링하는 작업은 매우 자주 사용되기 때문에 **[홈]탭 > [편집]그룹**이나 **[데이터]탭 > [정렬 및 필터]그룹**에서 편리하게 수행할 수 있다.

(1) 정렬

이름이나 대리점 등의 문자를 가나다순(내림 혹은 오름차순)으로 정렬하거나 숫자자료인 점수(평균 혹은 합계) 등을 역시 내림차순이나 오름차순으로 정렬하고자 할 때는 '정렬' 기능을 사용하면 된다. 이때는 정렬하고 싶은 필드(변수)를 클릭하고 **[홈]탭 > [편집]그룹 > [정렬 및 필터]** 선택한 후, 내림차순 혹은 오름차순을 지정하면 된다. 두 가지 이상의 기준으로 정렬을 하고 싶을 때는 **[데이터]탭 > [정렬 및 필터]그룹 > [정렬] > [정렬]창**에서 '정렬기준'을 정하고, '기준추가'로 다음 정렬기준을 정하면 된다.([홈]탭 > [편집]그룹 > [정렬 및 필터▼]의 메뉴에서 '사용자 지정 정렬'을 선택해도 된다.) 예컨대 대리점별 매출 자료에서는 대리점별로 먼저 정렬하고 다음은 요일별로 매출액을 정렬할 수 있다.

실습 1 다음 자료를 이용하여 '정렬' 기능을 익혀 보자!

이름	국어	수학	영어
홍길동	90	90	90
전우치	80	80	80
백두산	70	70	70
마동탁	60	70	60
설까치	90	80	90
엄지	100	80	90

| 문제1 | 이름으로 정렬(오름차순과 내림차순)하여 보자.

| 문제2 | 수학성적으로 정렬(오름차순과 내림차순)하여 보자.

(2) 필터

전체 자료에서 특정 조건에 맞는 데이터를 찾고자 할 때, '필터'를 사용한다. 데이터에서 필드 이름을 하나 클릭한 후, **[데이터]탭 > [정렬 및 필터]그룹 > [필터]**를 선택하면 모든 필드 이름 끝에 '필터단추 ▼'가 생성되고, 원하는 필터단추를 눌러 찾고자 하는 자료를 선택하면 된다. 필터 기능으로 원하는 데이터로 만들어지면 '행 머리글'의 색이 바뀌고, 선택되지 않은 행들은 모두 숨어 있게 된다. 따라서 원래 자료로 돌아올 필요가 있을 때는 '필터해제'를 누르고, 필터를 사용할 필요가 없어졌을 때는 다시 한 번 [필터]를 누르면 필터단추가 모두 사라진다.

자료를 필터링한 후에 합계를 계산하고자 할 때는 앞에서 배운 '=SUM'으로는 구할 수 없다. '=SUM'은 항상 전체 자료의 합계를 계산할 뿐이라 필터링 된 자료의 합을 계산할 수 없다. 필터링된 자료에서 **[Σ자동합계] > [합계]**를 선택하면 자동으로 부분합인 '=SUBTOTAL(function_num, ref1, ref2,...)'이 나타난다. 그러나 다른 메뉴인 평균과 숫자개수 그리고 최댓값과 최솟값은 전체 자료에 대한 평균 등이 계산되지, 필터링된 자료의 부분평균 등이 계산되지는 않는다. 따라서 (부분)평균, (부분)숫자개수, (부분)최댓값과 (부분)최솟값을 구할 때는 '=SUBTOTAL'을 사용해야 한다. [SUBTOTAL]이란 단어가 잘 생각이 나지 않는다면, 부분합을 입력할 셀을 지정하고 '=S'만 입력하면 'S'로 시작하는 모든 함수식 메뉴가 팝업창에 나타난다. 이때 [SUBTOTAL]을 찾아 두 번 빠르게 클릭하면 function_num의 정보가 담긴 팝업창이 나타난다. 이 중에서 원하는 함수를 선택하면 된다. 부분합은 의외로 많이 사용된다. **[데이터]탭 > [윤곽선]그룹 > [부분합]**을 선택하면 다양한 변수들의 부분합을 구할 수 있다.

실습 2 〈실습 1〉의 자료를 이용하여 필터와 부분합 기능을 익혀보자.

| 문제1 | 홍길동과 엄지의 자료만으로 필터링하여 보고, 각 과목의 합계와 평균을 구하여라.

| 문제2 | 수학성적이 80점 이상인 자료로 필터링하고, 각 과목의 합계와 평균을 구하여라.

(3) 순위와 백분율

자료를 정렬하는 이유는 어떤 자료든지 우리에게 익숙한 순서로 자료를 정리하여 서로 비교하기 위함이다. 특히 숫자 자료에서의 순서는 순위를 의미한다. 앞 장에서 [함수마법사]의 순위함수(=RANK)로 순위를 구하는 방법을 배웠다. 원래의 자료를 이용하여 순위를 정하는 방법도 있지만, 자료를 백분위점수로 변환하여 사용하는 방법도 종종 사용된다. 예컨대 수능성적은 원점수와 표준점수와 백분위점수로 제공된다. 백분위점수를 알게 되면 나보다 성적이 좋은 학생과 나쁜 학생의 수를 짐작할 수 있기 때문에 매우 유용하다. Excel에서는 자료와 순위 그리고 백분율(%)에 대한 정보를 동시에 제공해 주는 기능을 갖고 있다. 이 기능은 Excel의 기본기능은 아니고 '추가기능'을 설치해야만 된다. '추가기능'은 다음과 같이 설치하면 된다.(이미 추가기능이 설치되어 있는지를 알려면, [데이터]탭의 오른쪽 끝에 [분석]그룹이 있으면 설치가 되어 있는 것으로 알면 된다.) 추가기능은 다음과 같은 순서로 설치하면 된다.

[파일]탭 > [옵션] > [Excel 옵션]창의 왼쪽 메뉴에서 '추가 기능'을 선택 > 아래의 '이동'을 클릭 > [추가 기능]창에서 '분석도구'를 선택 > [확인]

'분석 도구'는 잘 알려져 있고, 가장 자주 사용되는 통계 분석 방법들을 이용할 수 있도록 제공된 도구이다. 자료를 입력하고 몇 가지 출력 옵션만 선택하면 자료 분석 결과가 나타난다. 단 몇 번의 클릭만으로 복잡한 계산 과정이 모두 시행되니 매우 환상적이라 하지 않을 수 없다. 사실 결과를 출력하는 것은 Excel에서 별로 어려운 일이 아니다. 더 중요한 점은 Excel에서 제공된 출력 결과물을 제대로 해석하여 좋은 정보로 이용할 수 있어야 한다. Excel의 추가 기능에는 '분석 도구' 이외에도 '레이블 인쇄 마법사', '분석도구-VBA', '유로화 도구' 그리고 '해 찾기 추가 기능'도 있다. 각자 필요한 기능을 추가로 설치하여 사용하면 된다.

'순위와 백분율'에 대한 정보를 원한다면, **[데이터]탭 > [분석]그룹 > [데이터 분석] > [순위와 백분율]창**에서 구하고자 하는 자료의 범위를 '입력범위'에 마우스를 이용해서 입력하고, '첫째 행에 이름'이 있는지를 알려주고, '출력범위'를 선택하면 된다.(데이터 분석 도구들에는 모두 '입력범위'와 '출력범위' 오른쪽 끝에 빨간 단추가 있다. 이 단추를 클릭하여 마우스로 데이터를 입력하고 출력 장소를 지정한 후, 다시 빨간 단추를 누르면 된다.)

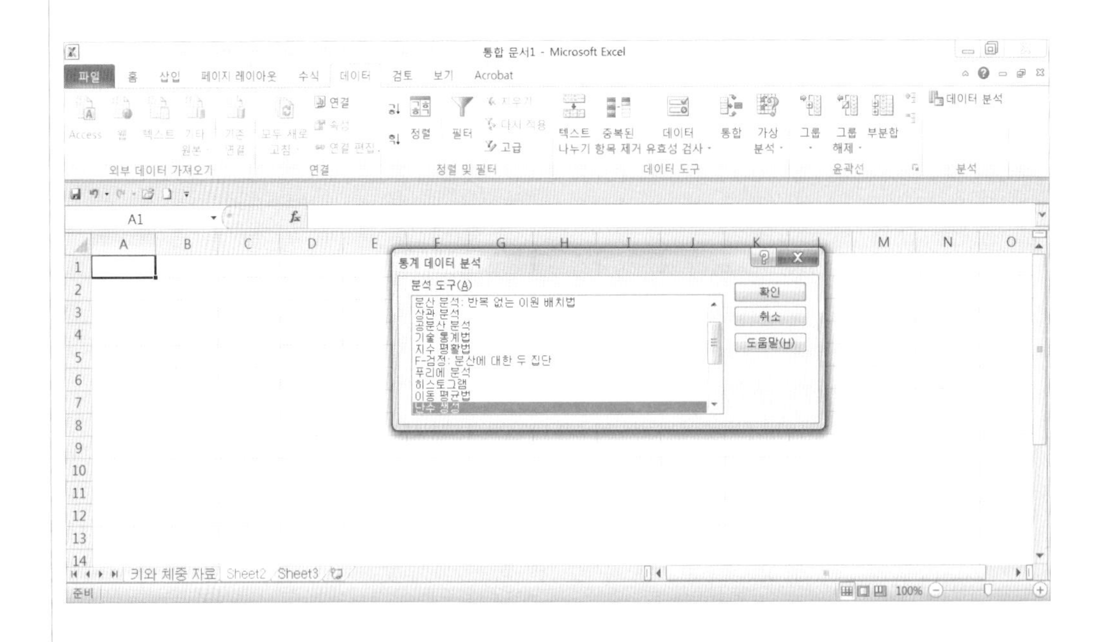

실습 3 〈실습 1〉의 자료의 평균을 구하고 평균으로 '순위와 백분율'을 구하여 보자.

2. 피벗 테이블을 이용한 자료 정리

입력된 자료를 정리하는 도구로 가장 많이 사용되고 가장 먼저 만들어야 하는 것이 '표(表. table)'이다. 특히 필드(변수)들의 수와 개체의 수가 많은 경우에 서로 관련성이 높을 것으로 보이는 필드들을 이용하여 값들의 평균, 합계, 개수, 최댓값 혹은 최솟값 등을 일목요연하게 볼 수 있도록 만들어 필드들 간의 차이나 특성을 읽을 수 있도록 정보를 제공해 주는 것이 '표'이다. 구직을 원한다면 Excel을 능숙하게 다루는 능력이 외국어 능력보다 더 필요하고, 그 중에서도 [피벗 테이블]을 잘 사용하는 능력이 기본이 된다. 외국기업이 아니라면 직장에서 외국어보다 더 많이 사용되는 기능이기도 하다. 서울신문은 미국 경영·경제 전문사이트인 '비즈니스 뉴스 데일리'는 현직 기업실무자들이 알려준 구직자가 반드시 갖춰야 할 '기술 3가지'를 소개했다.(2014년 4월 28일. 요즘 취직하려면 꼭 갖춰야 할 '3가지 기술') 그중 하나가 엑셀활용 능력인데, 기사의 일부 내용을 그대로 인용해 보면 다음과 같다.

> 정신없이 변화하는 시장과 천문학적으로 증대되고 있는 빅 데이터를 일목요연하게 정리해 회의를 성공적으로 이끌어줄 최고의 '툴'은 '엑셀'이다. 마이크로소프트사에서 개발한 표계산 소프트웨어 프로그램인 엑셀은 기업 세무계산 보고서, 학교 성적관리, 가계부 등에 광범위하게 활용되지만 복잡한 수식 때문에 완벽하게 터득한 사람은 흔하지 않다. 여기서 엑셀을 완벽하게 다룰 줄 안다면 당신의 가치는 한결 높아진다, 넥스트하이어의 CEO 밥 미할은 "엑셀의 피벗 테이블(pivot table)을 마음껏 구성할 수 있는 역량은 최고의 스펙 중 하나"라고 조언한다.
>
> —http://nownews.seoul.co.kr/news/newsView.php?id=20140428601023

다른 두 가지 능력은 잠재 고객과 다가올 시장 트렌드까지 SNS를 통해 읽어낼 수 있는 '소셜 미디어 분석 능력'과 회사 프로세스를 간소화하는 데 도움이 될 모바일 기능 확장을 할 수 있는 '모바일 어플리케이션 개발 능력'이다. 신문에 거론된 세 가지 능력은 우리나라에서는 자연계열 학생들이나 갖추어야 할 능력으로 해석하겠지만, 사실은 문과나 예술계 모두에게 필요한 능력이다. 특히 Excel 활용 능력은 MS Office가 설치된 모든 컴퓨터에서 충분히 연습할 수 있기 때문에 누구든 관심만 갖는다면 쉽게 익힐 수 있다. 넥스트하이어의 CEO가 지적했듯이 Excel의 다양한 기능들 중에서도 [피벗 테이블]을 마음껏 구사할 수 있는 구직자가 필요하다는 지적은 귀담아 들을 필요가 있다. 실제로 프레젠테이션이나 보고서에서 발표자가 중요하게 전달하고자 하는 정보를 잘 정리된 표로 만드는 작업은 꼭 필요하다. 그리고 Excel의 피벗 테이블은 어린 초보자들조차 쉽게 따라할 수 있을 정도로 간단하다.

(1) 피벗 테이블 만들기

피벗 테이블은 **[삽입]탭 > [표]그룹 > [피벗 테이블] > [피벗 테이블]**을 선택하여 작성한다. 1장의 <실습 1>의 키와 체중 자료로 피벗 테이블을 작성한다면, 자료 중의 임의의 셀을 클릭한 후, **[삽입]탭 > [표]그룹 > [피벗 테이블] > [피벗 테이블]**을 누르면 다음과 같은 '피벗 테이블 만들기'창이 나타난다.

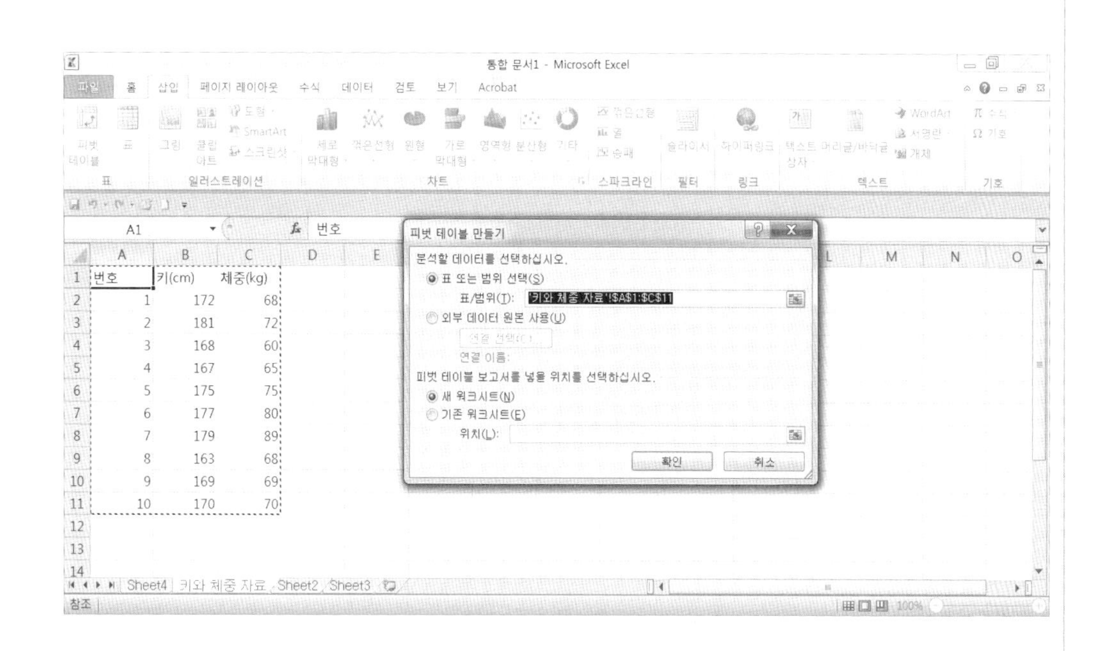

자료는 자동으로 선택되고, [확인]을 클릭하면 다음과 같은 창으로 변한다.

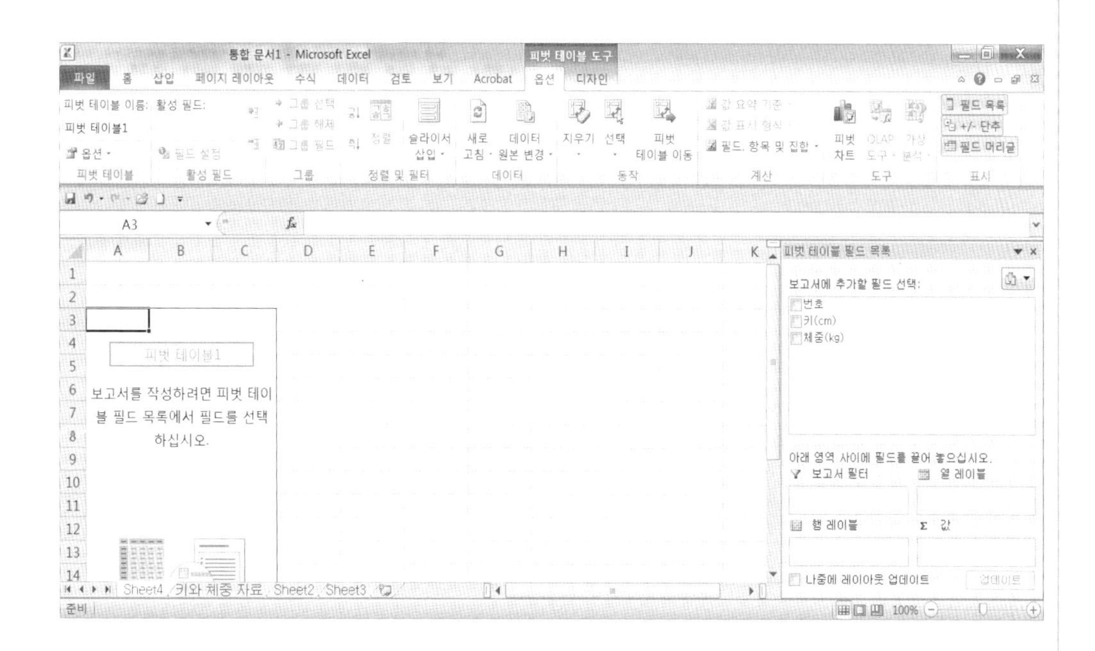

구체적으로 다음 자료로 피벗 테이블을 만드는 방법을 익혀보자.

실습 4 다음 자료는 교양 선택 과목인 '생활과 통계'의 성적 자료이다.

번호	학년	성별	성적	번호	학년	성별	성적	번호	학년	성별	성적
1	2	m	16	14	3	f	8	27	1	m	12
2	2	m	15	15	3	f	7	28	4	f	8
3	1	f	10	16	3	f	23	29	3	m	10
4	3	m	5	17	3	f	8	30	2	m	10
5	4	f	16	18	1	m	9	31	2	m	28
6	4	f	7	19	2	m	9	32	1	m	8
7	2	m	0	20	4	m	30	33	2	f	7
8	2	m	12	21	3	f	7	34	2	m	15
9	2	m	35	22	3	f	35	35	4	m	28
10	2	m	9	23	3	f	20	36	4	f	24
11	4	m	10	24	3	f	27	37	4	m	10
12	3	m	18	25	4	m	10	38	1	f	31
13	2	m	35	26	1	m	3				

1st. 자료를 Excel 시트에 입력한다.

2nd. 자료 중 하나의 셀을 선택하고, [삽입]탭 > [표]그룹 > [피벗 테이블] > [피벗 테이블]을 선택한다.

3rd. [피벗 테이블 만들기]창이 생성되고, 자동으로 피벗 테이블을 만들 자료의 영역이 선택된다. 그리고 출력 결과가 나타날 위치를 지정해 주면 되는데, 기본적으로는 '새 워크시트'에 지정되어 있다. [확인]을 누른다.

4th. 새 워크시트의 왼쪽에는 테이블이 위치할 곳이 box로 나타나고, 오른쪽에는 [피벗 테이블 필드 목록]창이 나타난다. 그리고 메뉴에는 [피벗 테이블도구]가 새로 나타난다. 이 창에서 [필드 목록]을 순서대로 선택하여 보자. '학년'을 선택하면 창의 아래에 있는 [값 영역]에 '합계 : 학년▼'가 나타나고, 왼쪽에는

합계 : 학년
99

라는 테이블이 만들어진다. Excel이 숫자로 인식한 필드명은 일단 모두 '값 영역'으로 이동하고, 합계의 값으로 테이블에 집계된다.

5th. 필드 목록에서 '성별'을 선택하면 '행 레이블'에 '성별▼'이 나타나고, 왼쪽 테이블로 이동하고, 다음과 같이 왼쪽 테이블의 행이 추가된다.

행 레이블	합계 : 학년
f	44
m	55
총합계	99

참고로 필드 목록에서 '문자'인 필드를 선택하면 일단 '행 레이블'로 이동한다. 나중에 문자인 필드가 또 추가 되면 둘 중 하나는 '열 레이블'로 옮길 수 있다.

6th. 필드 목록에서 '성적'을 선택하면, 성적은 숫자이기 때문에 '값 영역'에 '합계 : 성적▼'로 추가된다. 이때 동시에 '열 레이블'에 'Σ값▼'이 나타난다.(값 영역에 필드가 두 개 이상 생기면 열 레이블에 동시에 필드가 추가된다.) 그리고 왼쪽 테이블에 '합계 : 성적'자료가 다음과 같이 추가된다.

행 레이블	합계 : 학년	합계 : 성적
f	44	238
m	55	337
총합계	99	575

7th. 테이블의 행과 열에 적절한 필드를 재배치한다. 예컨대 이 문제에서는 '행 레이블'에는 '성별'을 그리고 '열 레이블'에는 '학년'을 재배치하면 다음과 같은 테이블로 바뀌게 된다. 그리고 오른쪽에서 '값 영역'에 있던 '학년'은 사라지고, '열 레이블'에 '학년▼'이 나타난다. 필드의 이동은 마우스를 이용한다.

합계 : 성적	열 레이블				
행 레이블	1	2	3	4	총합계
f	41	7	135	55	238
m	32	184	33	88	337
총합계	73	191	168	143	575

8th. 처음에 '값 영역'으로 필드가 이동되면 무조건 테이블에는 값의 '합계'가 나타나도록 되어 있다. 그런데 '성적' 자료의 값에서는 합계보다는 '평균'이 더 중요한 정보를 제공해 준다. 따라서 합계를 평균으로 바꾸어 주는 것이 더 효율적이다. '합계 :

평균 : 성저	열 레이블				
행 레이블	1	2	3	4	총합계
f	20.50	7.00	16.88	13.75	15.87
m	8.00	16.73	11.00	17.60	14.65
총합계	12.17	15.92	15.27	15.89	15.13

성적▼'에서 ▼를 누르면, 팝업 메뉴가 뜨고 여기서 '값 필드 설정'을 클릭하면, [값 필드 설정]창이 나타나고, '값 필드 요약 기준'에서 '평균'을 선택하면 테이블이 바뀌게 된다.(숫자는 [홈]탭 > [표시형식]그룹에서 소수점 이하 두 자리까지로 설정했다.)

▼단추로 만들어지는 메뉴에서 **'값 필드 설정' > [값 필드 설정]창**에는 기본적으로는 '합계'로 지정되어 있고, '개수', '평균', '최대값', '최소값', '곱' 등으로 설정을 변경할 수 있다. 테이블의 값으로 가장 적절한 것을 선택하면 된다.

(2) 피벗 차트 만들기

만들어진 피벗 테이블을 이용하여 차트를 그려보자. 피벗 테이블을 선택하면 새로이 나타나는 시트 상단의 [피벗 테이블 도구]에는 [옵션]탭과 [디자인]탭이 있다. [옵션]탭에는 여러 가지 유용한 기능이 그룹으로 제공되어 있는데, [도구]그룹에 있는 [피벗 차트]는 테이블과 더불어 사용할 때 더 많은 정보를 뚜렷이 볼 수 있도록 도와준다.

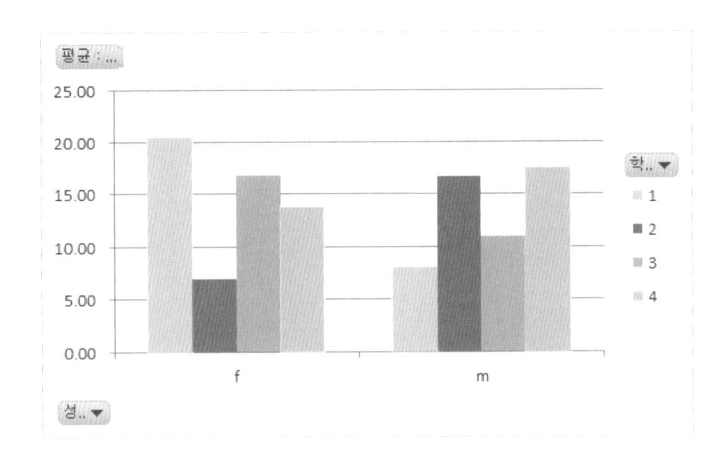

[피벗 차트]를 누르면, [차트 삽입]창이 나타나고 왼쪽의 다양한 차트 메뉴 중에서 적절한 차트를 선택하면 된다. 여기서는 '세로막대형'의 '기본형'을 지정하면 위와 같은 차트가 만들어진다.

어떤 자료든지 이런 절차로 피벗 테이블을 만들고 추가로 피벗 차트를 만들면 된다. 더 중요한 것은 테이블과 차트에서 드러난 정보를 잘 해석하고 적절한 용어로 설명하면 된다. 만드는 것은 쉽지만, 정보를 읽어내는 것은 그리 만만한 작업이 아니다. 많은 연습이 필요하다.

피벗 차트에서 내가 원하는 부분으로 재편집이 가능하다. 예컨대 여학생의 성적만 보고 싶다면, 피벗 차트 왼쪽 아래에 있는 [성적▼]에서 ▼ 단추를 눌러 나타난 팝업 창에서 '□f'를 선택하면 된다. 그러면 피벗 차트와 테이블은 여학생의 평균성적을 학년별로 나타내고, 남학생의 평균성적은 사라진다. 남학생만으로 나타내려면 '□m'을 선택하면 되고, 다시 원래의 테이블과 피벗 차트로 만들려면 '□모두'를 클릭하면 된다. 이런 작업을 수행하면 차트와 피벗 테이블이 아래 그림과 같이 동시에 바뀐다.

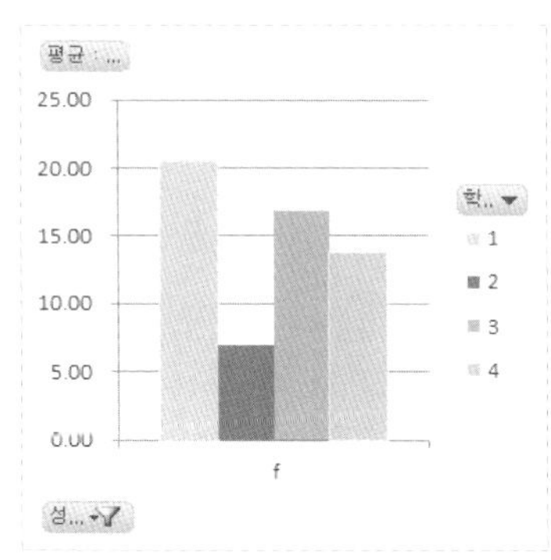

평균 : 성적	열 레이블				
행 레이블	1	2	3	4	총합계
f	20.50	7.00	16.88	13.75	15.87
총합계	20.50	7.00	16.88	13.75	15.87

피벗 차트를 다양하게 바꾸기 위해서는 피벗 차트를 클릭하면 나타나는 [피벗 차트 도구]의 [디자인], [레이아웃], [서식] 그리고 [분석]탭을 이용하면

된다.

예컨대 세로막대형을 꺾은선형으로 바꾸려면, **[디자인]탭 > [종류]그룹 > [차트 종류 변경] > '꺾은선형'**의 많은 모양 중 하나를 선택하면 아래 그림과 같이 변한다.

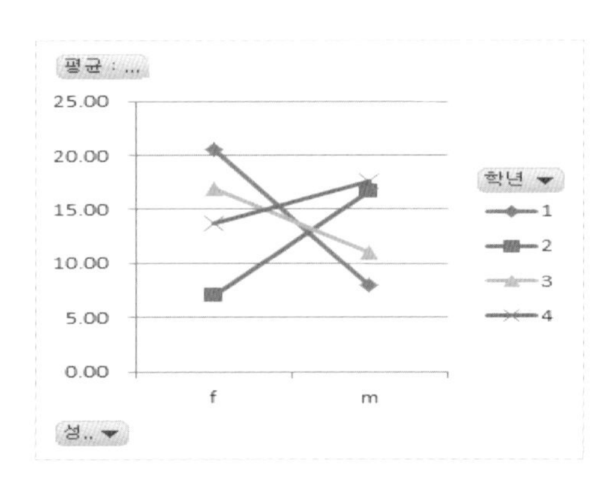

어느 차트가 더 많은 의미를 담고 있을까? 어느 차트가 더 설명하기에 좋은가? 어느 차트가 더 보기가 좋은가? 등의 질문을 스스로 해 보고 다양한 차트로 변경하면서 가장 최적의 차트를 골라내야 한다. 어떤 차트를 선택하는가에 따라 정보의 양과 질이 달라질 수 있다.

원자료에서 '번호'는 선택하지 않았다. 왜일까? 아무 의미도 없기 때문이다. 또한 '보고서 필터 영역'에 어떤 필드도 지정하지 않았다. 이 실습 예에서는 사실 필요가 없기 때문이다. 그러나 연습 삼아 '성별'이나 '학년'을 보고서 필드로 옮겨보는 것도 괜찮다. 그리고 어떤 변화가 생기는지를 살펴보자. 더 많은 필드(변수)가 있는 자료도 위와 동일한 절차를 통해 원하는 테이블과 피벗 차트를 만들 수 있다. 물론 복잡하지 않고 간단하면서도 큰 의미를 가진 테이블을 만들기 위해서 다양한 조합으로 필드 목록을 변화시키고 값 필드를 설정해 보는 것이 좋다. 물론 보고서 필터도 사용해 보도록 하자.

(3) 피벗 테이블 도구 활용

[피벗 테이블 도구]에는 [옵션]탭과 [디자인]탭이 있고, [옵션]탭에는 [피벗 테이블], [활성필드], [그룹], [정렬 및 필터], [데이터], [동작], [계산], [도구] 그리고 [표시]탭이 있다. 이 중에서 많이 사용되고 유용한 그룹은 [그룹]그룹이다. 예컨대 일별로 구성된 날짜 자료를 주(週), 월(月), 분기(分期), 년(年) 등의 그룹으로 묶을 필요가 있을 때 사용한다. 실습 자료에서 학년을 저학년(1학년+2학년)과 고학년(3학년+4학년)으로 묶어보자. 새로운 정보가 나타날지도 모른다.

실습 5 위의 자료에서 저학년과 고학년으로 테이블을 만들어 보자.

8th.에서 나타난 피벗 테이블에서 열 레이블의 1, 2, 3, 4 중 하나를 선택하고, [그룹]그룹 > [그룹선택]메뉴를 선택한다. [그룹화]창이 나타나고 '시작=1', '끝=4' 그리고 '단위=1'이 지정된다. 여기서 '단위=2'로 바꾸면 4개의 세분화 자료가 2단위로 묶이게 되고 다음과 같은 피벗 테이블과 피벗 차트로 바뀐다.

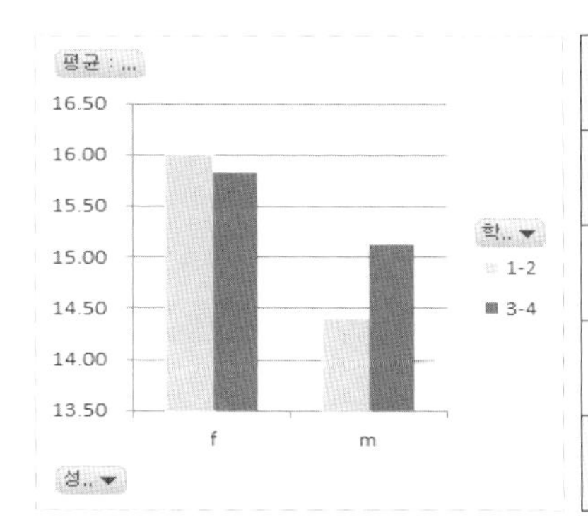

평균 : 성적	열 레이블		
행 레이블	1-2	3-4	총합계
f	16.00	15.83	15.87
m	14.40	15.13	14.65
총합계	14.67	15.55	15.13

날짜 자료에서는 [그룹화]창의 '단위'가 '초, 분, 시, 일, 월, 분기, 연'으로 나타난다. 원하는 단위로 그룹화시키면 되고, 다시 [그룹해제]로 원래의 피벗

테이블로 환원될 수 있다.

[정렬 및 필터]그룹에서는 필터기능이 **[슬라이서 삽입]메뉴 > [슬라이서 삽입]**으로 편리하게 바뀌었다. 이 기능을 이용하면 [슬라이서 삽입]창이 나타나고, 여기에서 필터링을 하고자 하는 필드를 지정하면 된다. 그리고 마우스를 이용해서 학년이나 성별 등을 선택하면 피벗 테이블과 피벗 차트가 동시가 바뀐다.

[데이터]그룹에서는 특히 **[데이터 원본 변경]메뉴 > [데이터 원본 변경]**을 이용해서 피벗 테이블을 만들고 싶은 자료의 영역을 바꿀 수 있다. 또한 [표시]그룹에서 [필드 목록], [+/-단추], [필드 머리글]메뉴를 선택하여 피벗 테이블을 깔끔하게 정리할 수 있다. 어렵지 않으니 각자 연습하기 바란다.

[디자인]탭에서는 [레이아웃]그룹과 [피벗 테이블 스타일 옵션]그룹 그리고 [피벗 테이블 스타일]그룹을 이용해서 다양하게 모양을 꾸밀 수 있는 기능을 제공하고 있다. 각자 원하는 스타일로 바꾸기 연습을 해 보자.

(4) 도수분포표 만들기

도수분포표는 자료를 분석할 때 매우 좋은 정보를 제공해 준다. 특히 '질적자료(質的資料. qualitative data)'를 분석하고자 할 때는 가장 기본적인 분석도구가 도수분포표이다. 질적자료란 인종이나 지역 혹은 성별, 흡연 등의 자료와 같이 자료의 성질만 나타내고 크기(양)을 나타내지 않는 자료를 말한다. 따라서 질적자료는 도수(개수)로 나타낼 수밖에 없다. 물론 '양적자료(量的資料. quantitative data)'도 크기를 그룹으로 묶어서 도수로 나타낼 수 있다. 예를 들어 키를 5개 그룹으로 나누어 보면, 160cm 미만, 160cm~169cm, 170cm~179cm, 180cm~189cm, 190cm 이상 등이 가능하다. 그리고 그 구간에 속한 사람의 수(도수)를 구하면 좋은 정보가 만들어진다. 도수분포표를 이용하여 히스토그램

(histogram)이라는 차트를 그릴 수 있다. 히스토그램은 전체 자료의 분포를 간략하게 보여주는 매우 유용한 차트다.

도수분포표를 구하는 방법은 여러 가지가 있다. 함수식에서 [FREQUENCY]나 [COUNTIF]를 이용하여 구할 수도 있고, [추가기능] > [분석도구] > [히스토그램]으로 도수분포표와 히스토그램을 동시에 출력시킬 수 있다. 여기서는 [피벗 테이블]로 구하는 방법을 설명하도록 하겠다. 이 방법이 [FREQUENCY]나 [COUNTIF]를 이용하여 도수분포표를 구하는 것보다 훨씬 수월하다.

실습 6 위의 자료를 이용하여 성별로 성적 자료의 도수분포표와 피벗 차트를 그려보자.

1st. '성적' 필드를 '행 레이블'과 '값 영역'으로 보내고, '성별' 필드를 '열 레이블'로 보낸다.(하나의 필드를 두 곳 이상의 영역으로 보낼 때는 [ctrl]키를 이용한다.)

2nd. '행 레이블'의 자료 하나를 지정하고, [피벗 테이블 도구] > [옵션] > [그룹] > [그룹 선택] > [그룹화]창에서 '단위=5'를 지정한다.

3rd. '값 영역'에 있는 '성적'의 값 필드를 '개수'로 설정 변경한다.

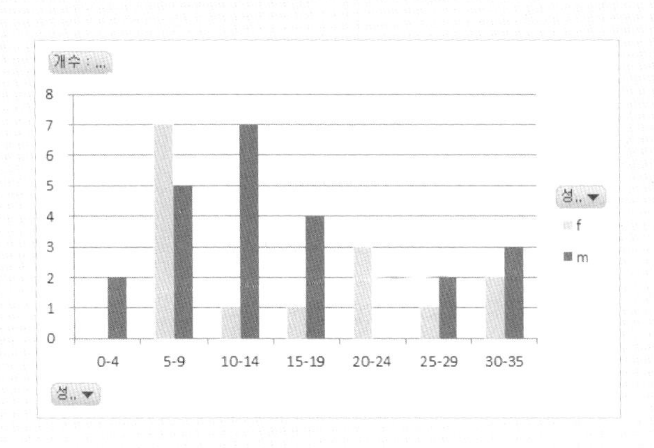

개수 : 성적	열 레이블		
행 레이블	f	m	총합계
0-4		2	2
5-9	7	5	12
10-14	1	7	8
15-19	1	4	5
20-24	3		3
25-29	1	2	3
30-35	2	3	5
총합계	15	23	38

실습 7 피벗 차트를 보기 좋게 정리해 보자.

먼저 성별 자료를 분리해서 구해보면 다음과 같은 왼쪽 피벗 차트(여학생)가 만들어진다. 그런데 히스토그램은 모름지기 막대와 막대가 붙어 있는 모양이기 때문에 막대 사이 간격을 '0'으로 바꾸어 붙어 있는 디자인으로 바꾸면 된다. 방법은 차트 속의 막대 하나를 임의로 선택하여 마우스로 클릭한 후, 마우스 오른쪽 버튼을 눌러 나타난 팝업창에서 [데이터 계열 서식]을 선택하고, '간격 너비'를 '0'으로 조정해 주면 아래 오른쪽의 히스토그램이 완성된다.

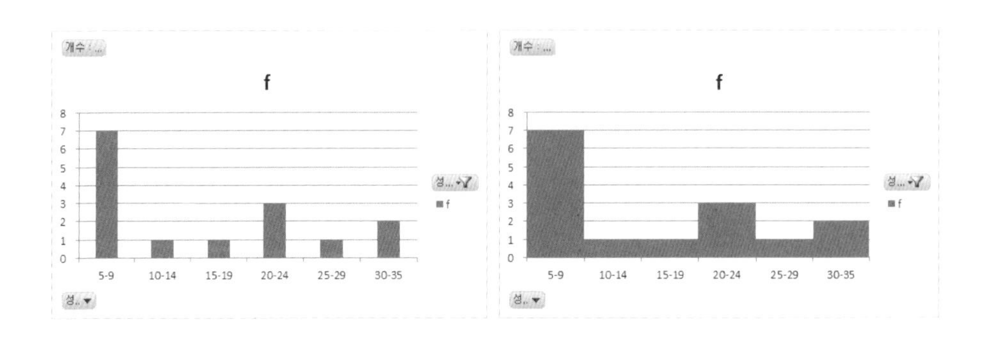

히스토그램의 모양을 보고 성적이 어떻게 분포되어 있는가를 설명해 보자. 성별로 세분화하지 말고 성별 구분 없이 도수분포표를 만들려면, '성적' 필드만 값 영역에 '개수'로 그리고 '행 레이블'에 '성적'으로 이동하고 위와 같이 그룹으로 묶어 주면 다음과 같은 도수분포표와 피벗 차트(히스토그램)가 출력된다.

행 레이블	개수 : 성적
0-4	2
5-9	12
10-14	8
15-19	5
20-24	3
25-29	3
30-35	5
총합계	38

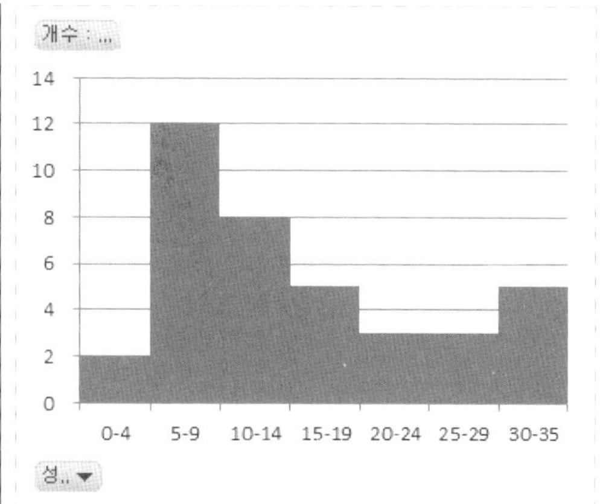

앞의 실습문제에서 만들어진 히스토그램과의 차이는 앞의 것은 여학생 성적에 대한 히스토그램이고, 뒤의 히스토그램은 전체 학생의 성적에 대한 분포라는 점이다.

(5) 비교를 위한 통계

피벗 테이블로 적절한 표가 만들어지면 표로부터 정보를 찾아내야 한다. 사실 피벗 테이블을 만들기 전부터 '어떤 정보가 필요하다'라는 목표를 분명히 하는 것이 좋다. 그리고 그 목표에 맞춰 피벗 테이블을 만드는 것이 첫 번째 작업 목표가 되겠지만, 다른 형태의 테이블을 만들다 보면 의외로 좋은 정보를 찾을 수도 있다. Excel에서 피벗 테이블을 만들기가 워낙 쉬우니 다양한 테이블을 만들고 숫자가 주는 의미를 정확히 해석하는 연습을 해 보는 것이 좋다. 테이블에 나타나는 값은 도수일 수도 있고, 합계일 수도 있고, 평균일 수도 있고, 최댓값이나 최솟값일 수도 있다. 그 외에 다양한 숫자가 등장하게 되는데, 이 숫자들이 가지고 있는 의미는 각기 다르다. 이 값들이 드러내는 정보가 무엇인지를 정확히 알아야 한다.

피벗 테이블 속의 값들의 의미를 이해했다면 피벗 테이블의 행과 열에 자리 잡은 필드(변수) 간의 조합에서 어떤 값들이 나타나고 있는지를 서로 비교해 보아야 하는데, 비교는 모든 셀의 값들을 총합계와 비교할 수도 있고, 행과 열의 합계와도 비교할 수 있다. 세 종류의 비교(총합계, 열 합계, 행 합계)에서 각각의 값들의 의미는 다르다. 하나도 빠짐없이 모두 읽어 보아야 한다. 이렇게 비교를 하는데 있어서 몇 가지 주의할 점들이 있다. 특히 도수와 비율이 가진 정보의 질과 양이 다르기 때문에 그들이 가진 정확한 의미를 알 필요가 있다. 또한 비율은 다양한 형태로 변환하여 사용되기 때문에 헷갈리기가 쉽다. 하나하나 살펴보도록 하자.

① 도수분포표와 상대도수 그리고 누적 상대도수

피벗 테이블의 값들을 '개수(count 혹은 도수 度數 frequency)'로 정리하는 경우가 많다. 이때는 개수로 만들어진 테이블을 비율로 가공해 보는 것이 좋다. 도수분포표에서는 이런 비율을 '상대도수(相對度數, relative frequency)'라고 하고, 전체 도수의 총합을 해당 구간의 도수로 나눈 값이다. 의미는 해당 구간에 속한 개체의 수가 전체에서 차지하는 비율을 의미한다. 도수는 많고 적음을 뚜렷하게 보여주지만, 상대도수는 전체에서 얼마나 되는지를 확인할 수 있기 때문에 더 유용하다고 하겠다. 상대도수와 더불어 자주 사용되는 비율은 '누적 상대도수

(累積相對度數. cumulative relative frequency)'이다. 누적 상대도수는 '해당 구간 이하'의 모든 상대도수를 누적해서 합을 구한 값이다. 일종의 계단을 연상하면 되는데, 계단 각각의 높이가 모두 동일하지 않은 불친절한 계단이 된다. 이 값은 점점 커져 마지막 구간에서는 항상 '1(혹은 100%)'로 나타난다. 차트에서 히스토그램을 구하게 되면 누적 상대도수와 그래프를 볼 수 있다. 이때 경사(기울기)가 가파른 구간에서 변화가 심해졌고, 계단의 높이가 높아졌다는 사실을 확인할 수 있다.

② 비율의 의미와 표현법

도수가 나타나 있는 일반적인 피벗 테이블을 비율로 바꾸어 해석해야 더 많은 정보를 얻을 수 있다. 비율이나 백분위 등의 통계는 그 값이 가진 순위와 위치 등에 대한 객관적인 정보를 제공한다. 그래서 수능성적표에 원점수와 더불어 백분위점수가 나타나는 것도 비교를 객관적으로 하기 위한 배려이다.(표준점수도 마찬가지다. 표준점수는 원점수를 평균점수로 빼고 이 값을 표준편차로 나눈 점수이다. 즉 '(원점수-평균)/표준편차'이다.) 따라서 피벗 테이블의 각 셀을 비율로 바꾸어 보면 어느 셀이 가장 높은 빈도로 나타나는지를 쉽게 알 수 있다. 그런데 비율을 구할 때 분모가 무엇인가에 따라 의미가 달라진다는 점을 항상 주의해야 한다. 전체에서의 비율인지 아니면 행 합계에서의 비율인지 아니면 열 합계에서의 비율인지에 따라 의미가 다르다. 세 종류의 비율을 모두 구해서 살펴보는 것이 좋다.

가끔 비율과 도수가 다른 방향을 가리키는 경우가 있다. 예컨대 통계청이 2015년 2월 26일 발표한 '2014년 출생·사망 통계'에서 신생아 수가 2013년보다 1,200명 줄어든 435,300명으로 소폭 감소했다고 밝혔다. 그런데 합계출산율은 1.21명으로 2013년(1.19명)보다 오히려 높아졌다고 한다.(여기서 합계출산율은 여성이 평생 낳는 아기의 수이다.) 도수는 감소를 나타내고, 비율인 출산율은 증가로 나타났다. 왜일까? 분모가 다르기 때문이다. 즉 아기를 낳는 가임 여성(15~49세) 숫자가 신생아 숫자보다 더 큰 폭으로 줄면서 수치상 출산율은 높아지는 착시 현상이 빚어진 것이다. 이런 경우는 종종 발생한다. 따라서 두 통계가 항상 같은 방향일 것이란 생각은 하지 말기 바란다.

비율 중에는 '10만 명당' 비율로 나타내는 통계가 많이 등장한다. 예컨대 '2014년 한국의 자살률은 지난해 6년 만에 가장 낮은 수준으로 떨어졌지만, 여전히 한 해 동안 스스로 목숨을 끊은 사람이 1만3천836명에 달하고, 자살률은 인구 10만 명당 27.3명을 기록했다'는 기사에서 비율은 조금 다르게 묘사되어 있다. 일반적으로 비율이라고 하면 '1 이하'의 숫자를 의미하는데 합계출산율이나 자살률에서 본 것처럼 '1 이상'의 숫자로 나타내는 경우가 허다하다. 이것은 '1 이하'의 숫자로 나타내기에 너무 적은 수일 경우에 '10만 명당 몇 명', 혹은 '1만 명당 몇 명'이라는 식으로 표현해서 사람들의 숫자 감각에 충실하도록 변환시킨 비율이다. 범죄율이나 사망원인 등의 통계 역시 마찬가지다. 2012년 각 지역별 범죄발생 통계에서 도수(건수)로는 경기도(385,811건, 10만 명당 3,594.01건)와 서울특별시(358,534건, 10만 명당 3,232.10건)가 1위와 2위를 차지하였지만, 인구를 고려한 10만 명당 범죄발생 비율에서는 가장 범죄발생건수가 적은 제주특별자치도가 1위(26,284건, 10만 명당 4,704.48건)이고, 9위였던 광주광역시(67,272건, 10만 명당 4,444.75건)가 2위가 된다. 경기도와 서울특별시는 10만 명당 범죄 발생률로는 각각 13위와 6위였다.

비율을 해석할 때 주의해야 할 점이 또 하나 있다. 예컨대 작년에 어떤 약의 부작용 사례가 100% 증가했다는 기사가 뉴스나 신문에 등장했다면 당신은 그 약의 복용을 즉각 중단하게 될 것이다. 당연하다. 그런데 그 약을 생산하는 제약회사는 억울했다. 왜냐하면 1만 명의 표본을 조사해서 부작용이 1건에서 2건으로 증가한 것일 뿐이었다. 억울하지만 비율이 100% 증가한 것은 사실이

니 그저 속만 태울 뿐이다. 제약회사로서는 비율이 단지 '1/1만'만큼 증가했는데(0.01%), 100% 증가라니 속이 쓰린 것은 당연하지 않겠는가? 두 종류의 비율은 모두 맞다. 그런데 의미의 차이는 상당히 크다. '100% 증가'로 표현된 비율은 '상대비율'이라고 하고, '0.01% 증가'라고 표현한 비율을 '절대비율'이라고 부른다. 언론에서야 충격적인 큰 수에 관심을 갖는 것이 당연하겠지만, 그 통계를 읽는 대중들은 큰 충격을 받게 되고 복용하던 약을 바꾸는 등 큰 비용과 스트레스를 받게 될 것이다. 어떤 비율을 사용하는가에 따라 전달되는 정보의 양과 질이 이만큼 달라진다. 언론에서는 100%라는 통계가 필요했지만, 제약회사나 대중에게는 0.01%라는 통계가 필요한 것은 아닐까?

3. 차트를 이용한 자료 정리

복잡한 자료를 정렬하고 피벗 테이블을 만들었다면 그래프로 정리된 자료의 특성을 시각화하는 것이 바람직하다. 아무리 정리가 잘 되었더라도 숫자로 내재된 정보를 읽어내기는 그리 만만한 일이 아니다. 그런데 그래프를 이용하면 숨겨져 있던 정보가 그대로 드러난다. 비교도 쉽고 트렌드나 관련성을 알아내기도 수월하다. Excel의 [삽입]탭에서 제공하는 [차트]그룹의 메뉴에는 막대형(세로형과 가로형)을 비롯하여 원형과 꺾은선형 그리고 분산형 등을 포함하여 방사형과 주식형 및 도넛형 등 매우 다양한 차트를 제공하고 있다. 게다가 Excel은 차트를 그리기가 매우 쉽고, 그려진 차트의 스타일과 디자인을 다양하게 꾸밀 수 있는 '차트 도구'를 제공하고 있다. Excel의 차트 기능을 이용해서 자료의 특성을 시각화하기는 쉽지만 사용하는 사람의 주관이 많이 개입된다는 단점이 있다. 즉 어떤 차트를 사용하는가에 따라서 정보의 양도 달라질 것이고, 차트 축의 길이를 적절히 조정함으로써 차트가 다르게 보인다는 점도 차트의 단점 중 하나다. 이런 단점에도 불구하고 차트는 정보를 탐색하는 데 있어서도 그리고 프레젠테이션을 통해 정보를 전달하는데도 매우 유용하다.

먼저 자료의 분포 특성을 파악하는 데 큰 도움을 주는 히스토그램([데이터]탭 > [분석]그룹 > [데이터 분석] > [분석도구] > [히스토그램])을 그리는 방법과 해석하는 방법을 알아보자.

(1) 히스토그램

① 히스토그램을 그리는 방법

히스토그램은 자료 전체의 분포를 개략적으로 파악하기 쉬운 차트를 제공한다. 히스토그램을 그리기 위해서는 도수분포표가 필요한데, 양적자료에서는 도수분포표를 만들기 위해서 자료를 적절한 크기로 나눈 '계급구간(bin)'이 있어야 한다. 즉 각 계급구간에 얼마나 많은 자료가 포함되어 있는지를 정리한 표가 도수분포표이기 때문이다. 그리고 히스토그램은 이 도수분포표를 이용하여 그려진다. 물론 히스토그램을 그리기 위해서 계급구간을 입력하는 것이 반드시 필요한 것은 아니다. 계급구간을 제외하고 단지 자료만 입력해도 Excel은 히스토그램을 그릴 수 있는데, 이렇게 그려진 히스토그램의 x-축이 자료의 특성이나 관례를 따르지 않고 Excel이 임의로 정하기 때문에 히스토그램으로 자료의 분포를 해석할 때 무리가 따른다. 그래서 계급구간을 미리 설정하는 것이 해석을 위해서 좋다.

이미 피벗 테이블로 도수분포표를 만든 후 세로막대형의 차트를 그린 후에 마우스 오른쪽 버튼을 눌러 생성된 메뉴의 [데이터 계열 서식]에서 간격을 '0%'로 조정하면 히스토그램이 완성된다. 그러나 이 작업은 피벗 테이블을 만들고, 따로 피벗차트를 그리는 두 개의 작업을 실시해야 하는데, 추가기능의 [분석도구]에서 제공하는 [히스토그램]을 이용하면 각 계급구간의 도수와 누적 상대도수를 포함한 도수분포표와 히스토그램이 한 번에 출력된다.

실습 8 〈실습 4〉의 성적으로 히스토그램을 그려보자.

1st. 먼저 계급구간을 구한다.

계급구간을 구하기 위해서 최댓값과 최솟값을 구해보면 각각 35점과 0점이다. 따라서 이 두 값을 모두 포함하면서 관례적으로 점수를 구분하는 단위를 이용하여 계급구간을 만들어야 한다. 간격을 '10점'으로 할 수도 있고, '5점'으로 할 수도 있다. 만일 10점을 간격으로 한다면 0점~10점, 11점~20점, 21점~30점, 31점~40점이면 된다. 즉 막대가 4개가 세워진다는 뜻이다. 너무 적다. 그리고 5점을 간격으로 하면 0점~5점, 6점~10점, 11점~15점, 6점~20점, 21점~25점, 26점~30점, 31점~35점으로 정하면 막대가 7개가 된다. 적당하다.(일반적으로 막대의 수는 10개 전후가 적당하다.) 우선 계급구간을 '5점'으로 하여 히스토그램을 그려 보기로 하자.(관례적이라는 말이 중요하다. 금액이라면 100원, 1만원, 10만 원 등의 단위가 적당하고, 대개 10이나 5단위로 나누는 것이 읽기도 해석하기도 쉽다.) Excel에 계급구간을 입력할 때는 구간의 끝수만 적어 넣으면 된다.(예컨대 5, 10, 15, 20, 25, 30, 35) 그러면 Excel은 그 값 이하에 속한 도수를 읽어 들이도록 프로그램이 되어 있기 때문이다. 일단 Excel에 이 값들은 열 방향으로 입력시켜 놓는다.

2nd. [데이터]탭 > [분석]그룹 > [데이터분석] > [분석도구] > [히스토그램]을 선택하면 [히스토그램]창이 요구하는 자료를 입력하고 출력옵션을 선택한다.

'입력범위'에 빨간 버튼을 이용하여 성적 자료의 영역을 마우스로 입력시키고, '계급구간' 역시 입력시킨다. 그리고 '이름표'가 있으면 체크(check)하면 된다. 그리고 '출력옵션' 중에서 새 워크시트나 현재의 워크시트에 적절한 범위를 정하면 되고, '파레토 : 순차적 히스토그램', '누적백분율' 그리고 '차트출력'을 선택한다. 이 중에서 '차트출력'은 히스토그램을 출력시키는 옵션이기 때문에 반드시 선택해야 하고, '누적백분율'은 누적상대도수를 꺾은선형으로 그려주는데, 선택하는 것이 좋다. 마지막으로 '파레토 : 순차적 히스토그램'을 선택하기 위해서는 '파레토'의 특성에 대한 정확한 이해가 필요하다. '파레토'는 히스토그램의 막대가 도수가 많은 순서대로 그려진다. 이런 종류의 히스토그램을 '파레토 그램'이라고 하는데, 이는 이탈리아 경제학자인 파레토(Vilfredo F. D. Pareto)가 발견한 '파레토의 법칙'을 기반으로 만들어진 그래프다. 파레토 법칙은 한 나라의 소득의 불평등하게 분포되었다는 사실을 보여 주는데, 20%의 부자가 그 나라 소득의 80%를 차지하는 현상을 일컫는 법칙이다. 제조업에서 불량품을 최소화시키기 위한 품질관리에 파레토 그램이 자주 사용되는데, 이는 불량의 여러 가지 원인들 중에서 20%의 주요 원인들이 불량품의 80%를 만들어낸다(파레토 법칙)는 사실을 잘 알기 때문이다. 그래서 이런 종류의 히스토그램이 필요한지를 면밀히 검토한 후, 출력옵션에서 선택해야 한다.

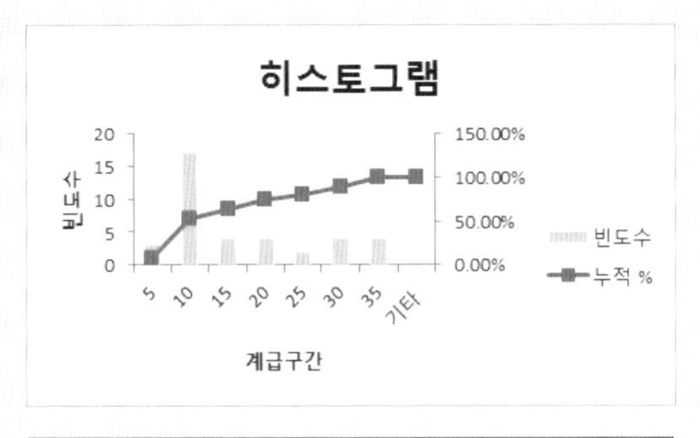

계급구간	빈도수	누적 %
5	3	7.89%
10	17	52.63%
15	4	63.16%
20	4	73.68%
25	2	78.95%
30	4	89.47%
35	4	100.00%
기타	0	100.00%

3rd. 세로막대형을 히스토그램으로 고친다.

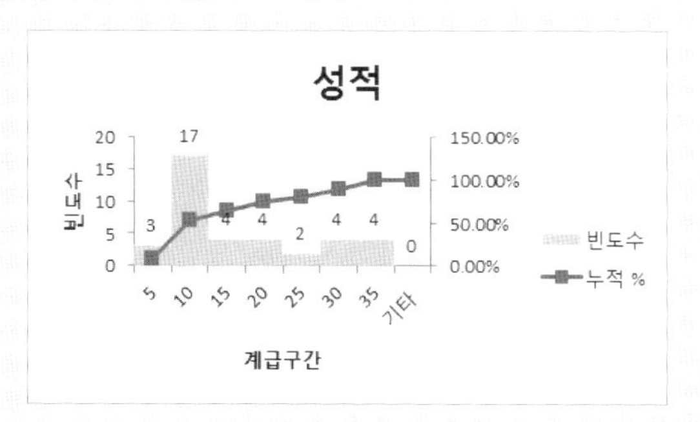

첫 번째 히스토그램에서는 세로막대형으로 나타난다. 즉 막대가 서로 떨어져 있다. 막대를 붙이기 위해서는 먼저 막대 중 하나를 선택한 후에 마우스 오른쪽 버튼을 눌러 '데이터 계열 서식'을 클릭하고, 간격 너비를 '0%'로 조절해 주면 자동으로 히스토그램의 막대가 붙게 된다.

4th. 차트를 보기 좋게 꾸민다.

마지막으로 차트를 클릭하여 활성화시키면 [차트 도구]의 [디자인]탭, [레이아웃]탭 그리고 [서식]탭을 이용하여 차트의 형태와 디자인과 색 등을 바꿔줄 수 있다. 여기서는 단지 마우스를 이용하여 차트의 이름을 '히스토그램'에서 '성적'으로 바꿔 주었고, 역시 막대 하나를 클릭한 후, 마우스 오른쪽 버튼을 눌러 '데이터 레이블 추가'를 누르면 막대 위에 도수가 나타난다. [차트도구] > [레이아웃]탭 > [레이블]그룹 > [데이터 레이블] > '바깥쪽 끝에'를 누른 결과이다. 더 다양한 형태로 히스토그램을 꾸밀 수도 있다. 역시 많은 연습이 필요하다.

히스토그램의 막대의 수를 몇 개로 하는가에 따라 그림의 모양이 많이 달라진다. 따라서 막대의 수를 한 번은 적게(대략 5개 정도) 하여 그려보고, 또 한 번은 많은 막대(대략 10개 정도)로 히스토그램을 그려서 충분한 정보가 얻을 수 있도록 해야 한다.

② 히스토그램의 해석 방법

히스토그램을 출력하는 데는 큰 어려움이 없고, 사람에 따라 약간의 차이(계급구간과 막대의 수)만 존재할 뿐이다. 그런데 출력된 차트를 읽어내는 것은 사람에 따라 차이가 많이 난다. 아는 만큼 보이게 된다. 일반적으로 히스토그램으로는 다음과 같은 정보를 읽어내야 한다.

첫째, 대칭인가? 대칭과 가까운가? 비대칭이면 어느 방향으로 기울어져 있는가?

둘째, 봉우리가 있는가? 봉우리는 몇 개인가? 봉우리는 어떤 값에서 형성되었는가?

셋째, 누적백분율(빨간색 꺾은선형)의 증가가 급격한 구간(기울기가 큰 구간)은 어디인가?

넷째, 파레토를 선택한 경우에는 누적백분율이 80% 정도를 차지하는 계급구간은 무엇 무엇인가?

<실습 8>의 히스토그램은 매우 특이하게 두 번째 계급구간에서 빈도수가 가장 많고, 나머지 구간에서는 거의 동일한 도수를 나타내고 있다. 히스토그램은 보통 '정규분포(Normal Distribution)'와 비교한다. 정규분포의 특성은 산술평균을 중심으로 대칭이며 봉우리가 하나이고, 산술평균 근처에 70%의 자료가 밀집되어 있으며, '이상치(異常值. outliers)'가 없다.(아래 그림 참조) 정규분포는 자료가 매우 평균을 중심으로 안정적으로 분포하고 있어 자연스럽고 이상적이며 정상적이라고 해석할 수 있다. 주어진 자료의 히스토그램을 정규분포와 비교하여 설명하는 방법이 가장 수월하다.

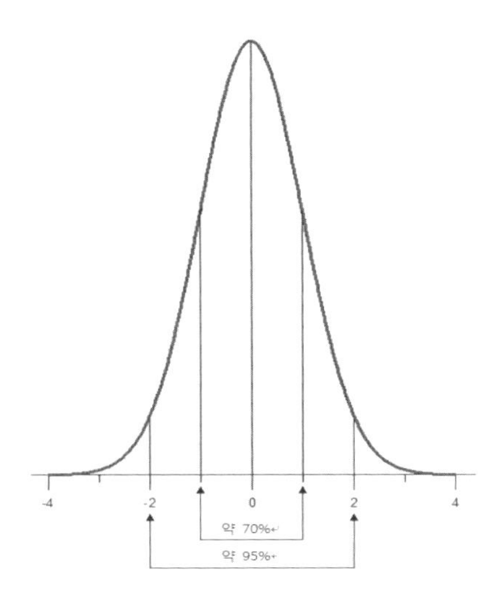

(2) 막대형 차트

① 피벗 테이블로 막대형 차트를 그리는 방법

Excel에서 차트를 그리기 위해서는 **[삽입]탭 > [차트]그룹**의 다양한 메뉴 중에서 원하는 차트를 선택하면 된다. 가장 기본적이고 많이 사용되는 '막대형 차트'는 '세로형'과 '가로형'이 있는데, Excel에서는 '세로막대형 차트'가 기본형이다. 차트를 그리기 위해서는 히스토그램에서와는 달리 먼저 자료 영역을 마우스로 정해주어야 한다. <실습 4>의 성적자료로 피벗 테이블을 만들고, 피벗 차트를 그릴 때 이미 세로 막대형 차트를 그려 보았다. 다음과 같이 합계를 제외하여 다시 정리한 자료로 막대형 차드를 그려보사.

평균 : 성적	학년			
성별	1.0	2.0	3.0	4.0
f	20.5	7.0	16.9	13.8
m	8.0	16.7	11.0	17.6

만일 피벗 테이블이 주어진 상태라면 먼저 자료가 있는 피벗 테이블 영역을 지정하고(행과 열의 이름 포함하고 합계는 제외한다. 가끔 합계도 함께 차트에 포함시킬 필요가 있기는 하지만 대부분은 합계는 제외하고 그리는 것이 좋다), **[삽입]탭 > [차트]그룹 > [세로막대형]**을 선택하면 된다. 그리고 [차트도구]를 이용하여 차트의 디자인과 레이아웃 그리고 서식을 바꿔줄 수도 있다. 특히 **[차트도구] > [디자인]탭 > [종류]그룹 > [차트종류 변경]**으로 다른 형태의 차트로의 변경이 가능하다. 예컨대 [가로막대형]이고 [레이아웃]탭에서 데이터 레이블을 표시하면, 기본 세로막대형 차트가 다음과 같은 차트로 바뀐다. 그리고 이 차트는 피벗 테이블에 의한 피벗 차트가 된다.

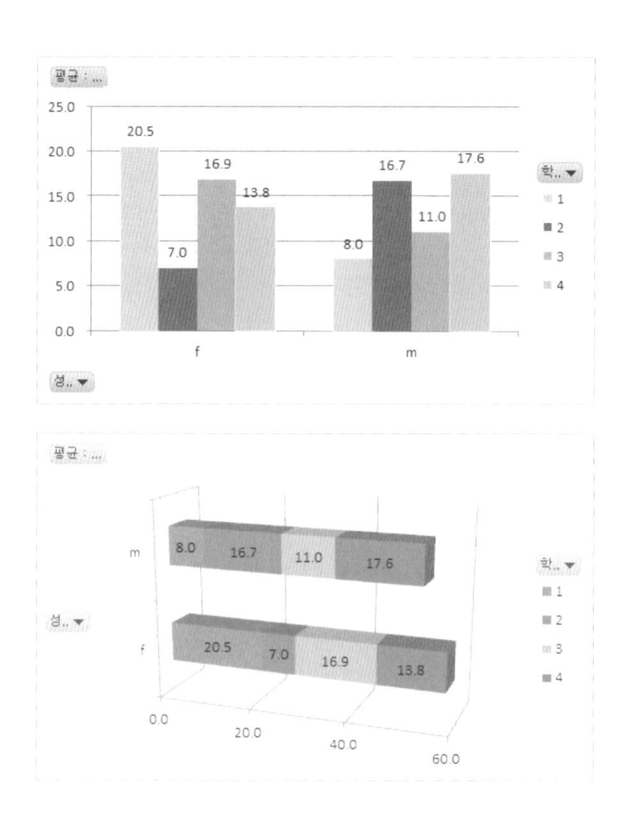

② 표로 주어진 자료로 막대형 차트를 그리는 방법

피벗 테이블이 아니라 Excel에 깔끔한 표로 자료가 주어져 있을 때도 차트를 그리는 방법은 동일한데, 차트를 그리면 원본 자료에 자료 영역에 각기 다른 색깔의 box가 나타난다. 그리고 이 box의 끝에 자동핸들과 같은 끝점(■)을 조정하여 자료영역을 변경할 수 있다. 당연히 자료 영역이 변경되면 차트도 변경된 영역에 맞춰 바뀐다.

실습 9 다음 자료를 입력하고 세로막대형 차트를 그려보자.

성별	1학년	2학년	3학년	4학년
f	20.5	7	16.9	13.8
m	8	16.7	11	17.6

1st. 전체 자료 영역을 마우스로 지정한다.

2nd. [삽입]탭 > [차트]그룹 > [세로막대형] > 기본형 선택하면 다음과 같은 차트가 생성된다.

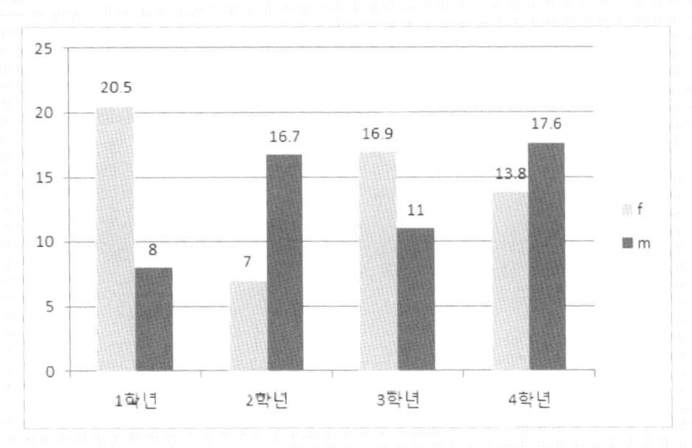

3rd. 차트를 클릭하여, 입력된 자료에 각기 다른 색의 box로 해당 영역이 표시되는 것을 확인하고, 표에서 마우스를 이용해서 '4학년'자료를 제외하면 차트에서 '4학년' 세로형 막대가 사라지는 것을 확인할 수 있다.

③ 일부자료를 선택하여 막대형 차트를 그리는 방법

이미 그려진 차트에서 '2학년' 자료만 제거하고 차트를 그리려면, **[차트도구] > [디자인]탭 > [데이터]메뉴 > [데이터 선택] > [데이터 원본 선택]창 > [행/열 전환]**으로 '학년'을 '범례항목'으로 옮겨 '2학년'을 제거한 후, 다시 [행/열 전환]을 누르면 다음과 같이 '2학년' 자료가 제거된 차트가 만들어진다. 또한 차트의 '눈금선'을 마우스로 클릭해서 키보드의 'delete'키로 제거한 결과이다.

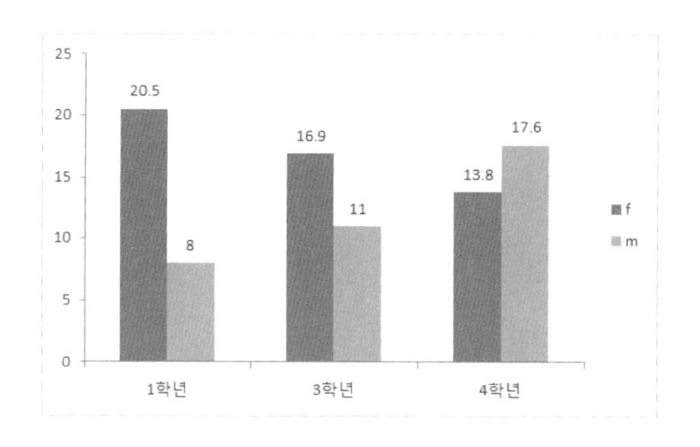

처음부터 2학년 자료를 제외하고 세로막대형을 그려줄 수도 있다. 이때는 원자료 테이블에서 '성별'과 '1학년' 자료 영역을 마우스로 지정하고, 'ctrl키'를 누른 상태에서 다시 '3학년'과 '4학년' 자료 영역을 마우스로 지정한 후, 세로막대형 차트를 그려주면 된다. 이 방법은 원형차트나 그 외에 다른 차트를 그릴 때 원하는 자료영역만의 차트를 그리고자 할 때 매우 편리하게 사용할 수 있는 방법이다. 그러나 이미 그려진 차트에서 일부 자료를 제거할 때는 앞에서와 같이 [데이터 선택] 기능을 사용하여야 한다.

④ 표에 스파크라인을 삽입하는 방법

별도의 차트를 출력하지 않고 표의 한 열에 직접 작은 차트를 그려 넣을 수 있는데, 이를 '스파크라인'이라고 한다. 물론 스파크라인은 지금까지와 같은 상세한 차트는 아니고 변화하는 트렌드만을 보여준다.

실습 10 다음은 자료의 '추이'에 스파크라인을 삽입시키는 과정을 따라 해보자.

	첫째주	둘째주	셋째주	넷째주	추이
교통비	142,000	137,000	135,000	132,000	
커피값	15,000	16,000	13,000	12,500	
식비	250,000	228,900	197,800	195,000	

1st. '교통비'의 '추이' 셀을 클릭한다.

2nd. [삽입]탭 > [스파크라인]그룹 > [꺾은선형]을 선택 > [스파크라인 만들기]창 > '원하는 데이터 범위'를 빨간 단추와 마우스를 이용해서 입력 > [확인]을 누르면 된다. 각자 실습해 보자!

⑤ 막대형과 꺾은선형을 혼합하여 그리는 방법

실습 11 〈실습 9〉의 자료에서 남자(m)의 평균성적은 세로막대형으로 그리고 여자(f)의 평균성적을 꺾은선형으로 그려보자.

1st. 전체 자료로 세로막대형 차트를 그린다.

2nd. 여자의 성적을 나타내는 세로막대를 마우스로 클릭한 후, 마우스 오른쪽 버튼을 누르면 나타나는 팝업 창에서 [계열 차트 종류 변경]을 선택하고 꺾은선형을 선택하면 된다.([차트도구] > [디자인]탭 > [종류]그룹 > [차트 종류 변경]을 선택해도 마찬가지다.)

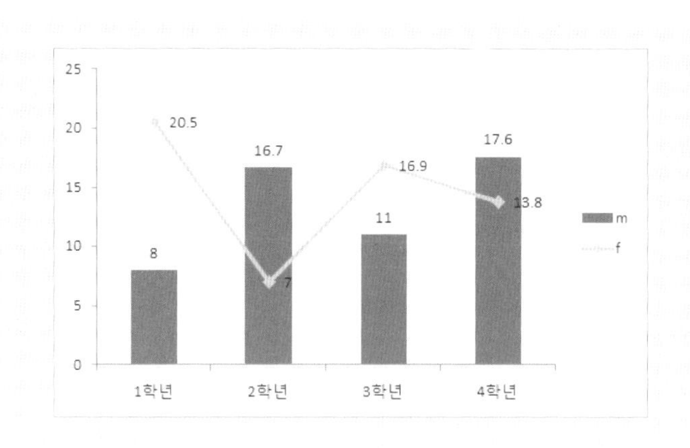

⑥ 보조축을 사용하는 방법

지금까지의 막대형 차트는 도수나 평균성적이 y-축(주축)으로 나타난 차트였다. 그런데 자료에 다른 성격의 값(예컨대 %)이 포함되어 있거나, 같은 성격의 자료지만 크기가 현저히 차이가 난다면 보조축을 만들어 주는 것이 편리하다.

실습 12 다음 자료를 도수는 세로막대형이고 누적%는 꺾은선형 차트로 그리고 보조축을 만들어 보자.

종류	도수	누적%
A	3.0	7.9
B	17.0	52.6
C	4.0	63.2
D	4.0	73.7
E	2.0	78.9
F	4.0	89.5
G	4.0	100.0

1st. 일단 모두 세로막대형으로 그리면 아래 첫 번째 차트가 나타난다.

2nd. 세로막대형 차트에서 '누적%'를 나타내는 막대를 마우스로 클릭하여 활성화시킨 후, [차트도구] > [서식]탭 > [현재 선택 영역]메뉴 > [선택 영역 서식] > [선택 영역 서식]창의 [계열 옵션]의 [데이터 계열 지정]에서 '보조축'을 선택한다.

3rd. '누적%'의 세로막대형 차트를 앞에서와 같은 방법으로 꺾은선형으로 차트 종류 변경을 하면 아래 두 번째와 같이 보조축이 있는 차트가 완성된다.

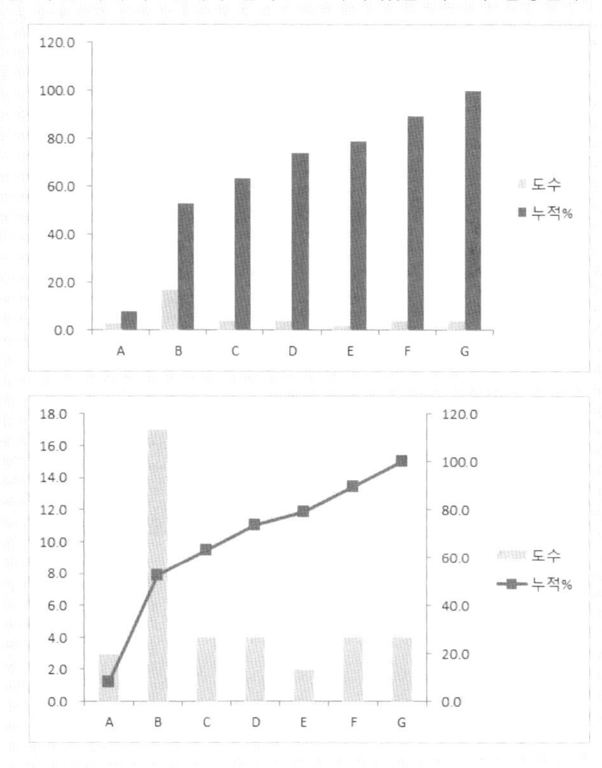

(3) 분산형 차트

분산형 차트는 두 변수가 쌍으로 이루어진 자료에서 두 변수의 연관성을 알아보기 해서 사용하는 차트로서 '산포도(散布圖, scatter plot)'라고도 부른다. 다음 자료는 2000년~2012년 세계보건기구(WHO)의 건강기대수명과 같은 시기 유엔, 세계은행(WB)에서 데이터베이스화한 나라별 사회경제지표를 비교 분석한 건강기대수명(Healthy Life Expectancy. HLE)과 인터넷 사용자수(인구 100명당 기준. IU) 자료이다. 이 자료로 분산형 차트를 그려보자.

1st. 아래의 자료를 입력한다. 이때 앞 열에 입력된 자료가 x-축의 자료이다.

2nd. HLE와 IU를 마우스로 자료 영역을 지정한 후, [삽입] > [분산형] > [확인]을 선택하면 아래 첫 번째 그림과 같은 결과물이 나타난다.

3rd. x-축인 HLE의 최솟값을 55로 하고 최댓값을 75로 하며, 간격을 '5단위'로 변환한 그림이 아래 두 번째 그림이다.

국가	HLE	IU	국가	HLE	IU
아이슬란드	71.5	7.034	불가리아	65	28.64
캐나다	71	67.15	페루	64.5	20.64
스웨덴	71	69.43	루마니아	64.5	24.75
한국	70.5	64.39	수리남	64.5	18.59
뉴질랜드	70.5	34.69	베트남	64.5	19.87
핀란드	70	63.56	조지아	64	18.71
네덜란드	70	68.42	태국	64	15.07
영국	70	57.15	그라나다	63	18.03
덴마크	69	61.19	자메이카	63	18.45
슬로베니아	68.5	41.73	벨리즈	62.5	15.48
체코	67.5	41.61	엘살바도르	62	10.75
쿠웨이트	66.5	38.59	인도네시아	60	7.81
아르헨티나	66	31.42	필리핀	60	19.11
폴란드	66	34.8	키르기스탄	59.5	11.38

(연합뉴스. 2015년 10월 14일. "인터넷 사용 많은 나라, 건강기대수명 높다")
http://www.yonhapnews.co.kr/bulletin/2015/10/13/0200000000AKR20151013164700017.HTML?from=search

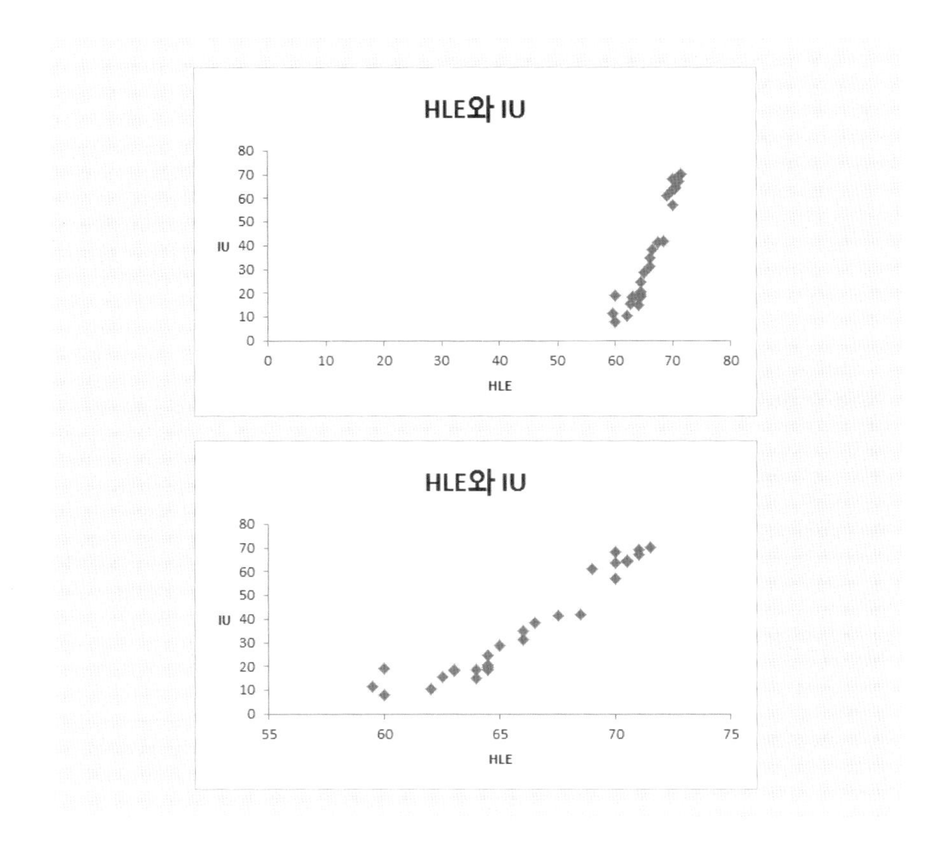

① 축 서식을 변환하는 방법

처음 분산형 차트를 그리면 왼쪽 분산형 차트와 같이 x-축의 원점이 (0,0)이 된다. 그런데 HLE의 값은 최솟값이 59.5세이고, 최댓값이 71.5세이므로 변화의 추세를 알기 어려울 정도로 자료가 몰려 있게 된다. 이런 경우에는 축의 원섬을 (55, 0)으로 변화시키는 것이 좋다. 축을 변화시키기 위해서는 가로축(x-축)을 마우스로 클릭하여 활성화시키고 오른쪽 버튼을 눌러 [축 서식]을 선택하면, [축 서식]창이 나타난다. [축 서식]창의 [축 옵션]에서 '최소값'과 '최대값'을 'ㅇ고정'을 변경한 후, 각각 55와 75로 설정하고, '주 단위'를 '5'로 정하면 된다. 그 외에도 [차트 도구]의 [디자인], [레이아웃] 그리고 [서식]을 통해 보기 좋은 모양으로 변형시킬 수 있다.

② 추세선을 추가하는 방법

분산형 차트를 통해 HLE와 IU는 상당히 밀접한 관련이 있는 두 변수로 나타났다. 특히 HLE가 커지면 IU도 커진다는 사실을 분명히 알 수 있다. 이런 경향을 통계에서는 '두 변수의 상관관계(혹은 상관성)가 매우 높다'고 표현한다. 즉 하나의 변수로 다른 하나의 변수를 추정하는 것이 비교적 수월하다는 말이다. 어느 정도나 관계가 강할까? 그리고 변화의 정도는 어떨까? 이를 정확히 알기 위한 통계적 분석 방법이 있다. 즉 두 변수의 관련성이 어느 정도 강한지를 나타내는 'R-제곱'이라는 측도(통계)와 변화의 정도(즉 기울기)를 나타내는 '추세선'으로 이에 대한 정보를 얻을 수 있다. 추세선을 구해보자.

4th. 분산형 차트의 한 점을 마우스로 선택하여 활성화시킨 후, 역시 오른쪽 마우스를 눌러 [추세선 추가]를 선택하면 [추세선 서식]창이 나타난다. 이 창의 [추세선 옵션]에서 [추세/회귀 유형]은 기본적으로 '선형'으로 되어 있다. 필요에 의해 다양한 유형을 선택할 수 있다. 또한 맨 아래 ㅁ단추에서 '수식을 차트에 표시'와 'R-제곱 값을 차트에 표시'를 선택하면 다음과 같이 추세선과 R-제곱 값이 분산형 차트에 나타난다.

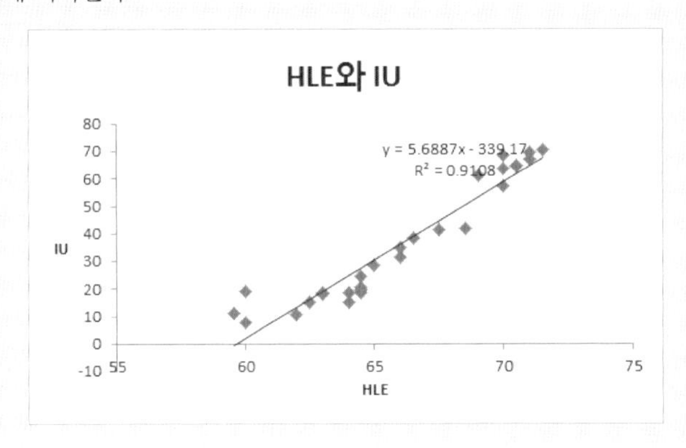

추세선의 기울기는 '5.6887'이고, 절편은 '-339.17'이다. 즉 HLE가 '1단위' 변할 때마다 IU의 값이 5.6887만큼씩 변한다는 의미다. 이 식으로 x-값이 따라 y-값을 추정할 수 있다. 또한 R-제곱(R^2)=0.9108인데, 이 값은 추세선이 모든 자료에 얼마나 잘 적합(fitted) 되는지를 나타낸다. R-제곱은 최솟값이 '0(혹은 0%)'이고, 최댓값이 '1(혹은 100%)'인 값으로 '1'에 가까울수록 완벽하게 추세선이 모든 자료와 일치하는 상황이고, '0'에 가까울수록 두 변수간의 관련성이 없다는 사실을 말해 준다. 따라서 0.9108은 매우 '1'에 가깝기 때문에 추세선(선형)만으로도 충분히 자료의 관련성을 나타낼 수 있다. 즉 추세선이 자료의 91.08%를 설명할 수 있다는 의미가 된다. 따라서 기대수명으로 인터넷 이용자 수를 거의 정확하게 추정할 수 있다.

③ 두 개 이상의 y-값들의 분산형 차트를 그리는 방법

하나의 분산형 차트에 두 종류의 y-값을 '표현할 수 있다. 이 그림을 그리기 위해서는 자료의 가장 앞 열에 있는 변수가 x-축에 나타나고 그 다음의 두 변수 이상의 자료가 그 다음 열에 순서대로 입력하여 그리면 된다.

통계 실험 자료에서는 하나의 수준에서 반복된 측정된 자료와 평균을 함께 그릴 수도 있다. 평균으로부터 자료의 산포가 어느 정도인지를 확인할 수 있는 분산형 차트로 매우 많은 정보를 볼 수 있다.

실습 13 다음의 자료는 5종류의 농도에서의 자료인데, 각 농도에서 자료의 반복이 다른 경우이다.

농도1	농도2	농도3	농도4	농도5
1.53	3.15	3.89	8.18	5.86
1.61	3.96	3.68	5.64	5.46
3.75	3.59	5.7	7.36	5.9
2.89	1.89	5.62	5.33	6.49
3.26	1.45	5.79	8.82	7.81
	1.56	5.33	5.26	9.03
			7.1	7.49
				8.98

1st. 각 농도에서 평균을 구한다. 평균은 2.61, 2.6, 5.00, 6.81, 7.13이다.

2nd. 자료를 분산형 차트의 자료와 같이 바꾼다. 즉 맨 앞 열에 농도(1, 2, 3, 4, 5)를 다음 열에는 반복 측정된 자료 값을 그리고 마지막 열에는 평균을 다음과 같이 하나씩 적는다.

변경된 자료와 결과물은 다음과 같다.

농도	개별값	평균
1	1.53	2.608
1	1.61	
1	3.75	
1	2.89	
1	3.26	
2	3.15	2.6
2	3.96	
2	3.59	

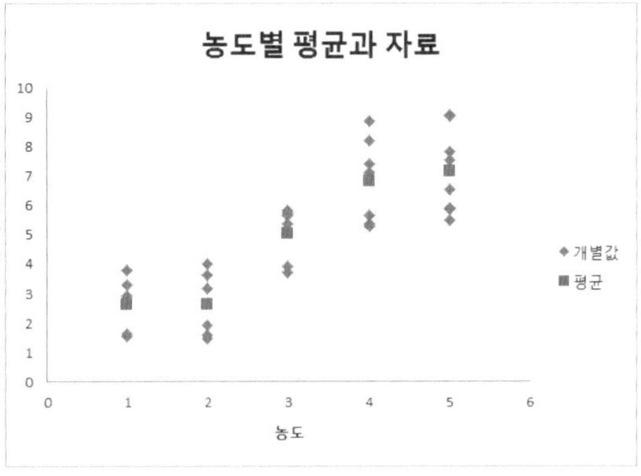

(4) 꺾은선형 차트

꺾은선형 차트는 시간의 변화에 따라 y-값의 변화를 시각적으로 확인하기에 좋은 차트이다.

실습 14 다음은 청소년 흡연율 추이 자료이다. 이 자료를 사용하여 꺾은선형 차트를 그려보자. (단위 %)

구분		'05	'06	'07	'08	'09	'10	'11	'12	'13	'14	'15
전체	전체	11.8	12.8	13.3	12.8	12.8	12.1	12.1	11.4	9.7	9.2	7.8
	중	8.0	7.7	9.1	8.0	8.3	8.0	8.1	7.2	5.5	4.7	3.3
	고	18.3	18.7	18.1	17.8	17.5	16.2	16.1	15.4	13.8	13.5	11.7
남	전체	14.3	16.0	17.4	16.8	17.4	16.6	17.2	16.3	14.4	14.0	11.9
	중	9.6	9.3	11.3	10.3	11.1	10.6	11.0	9.8	7.9	6.8	4.8
	고	22.4	23.8	24.3	23.8	23.9	22.5	23.1	22.4	20.7	20.8	18.3
여	전체	8.9	9.2	8.8	8.2	7.6	7.1	6.5	5.9	4.6	4.0	3.2
	중	6.3	5.9	6.6	5.4	5.1	5.1	4.8	4.3	2.8	2.3	1.7
	고	13.5	13.0	11.3	11.1	10.2	9.0	8.3	7.5	6.3	5.6	4.5

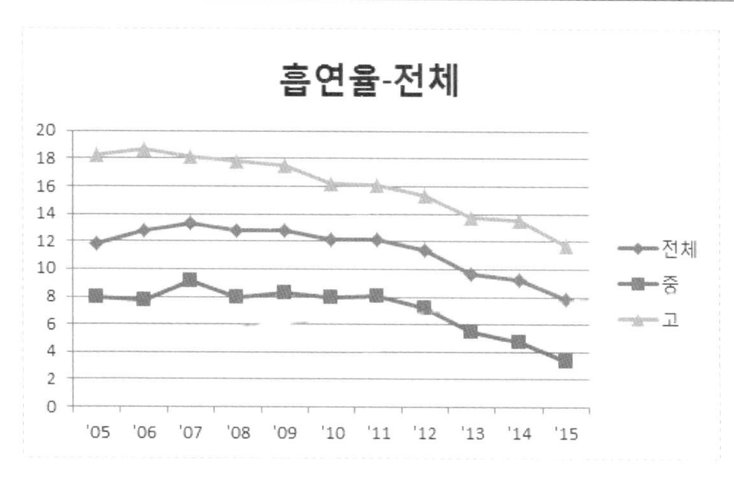

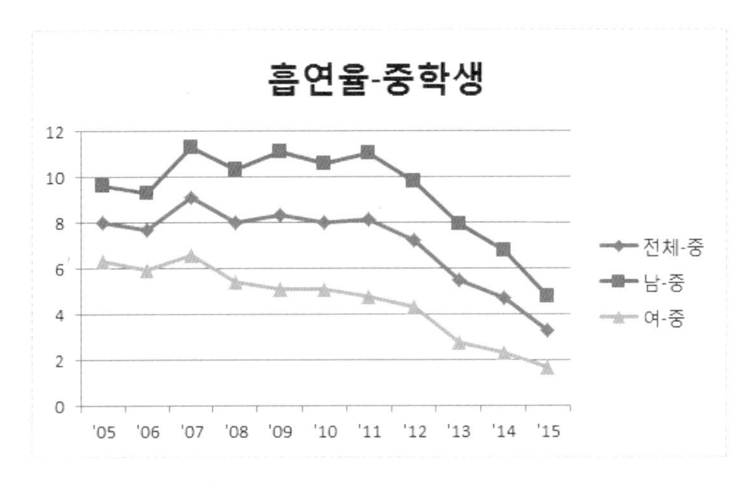

| 문제1 | 전체와 남·여 고등학생의 흡연율 추이를 꺾은선형 차트로 그려보자.

| 문제2 | 남학생과 여학생의 흡연율 추이를 각각 꺾은선형 차트로 그려보자.

고등학생(전체)의 흡연율이 가장 높지만, 모든 범주에서 흡연율은 감소추세인 것을 확인할 수 있다. 그렇다면 2015년 담뱃값 인상 효과로 청소년들의 흡연율이 낮아진 것으로 해석해도 좋을까? 그 이전부터 흡연율이 점차 낮아지는 추세였기에 반드시 담뱃값 인상 효과만의 영향으로 흡연율이 떨어지고 있다고 해석할 수는 없는 것으로 보인다.

(5) 방사형 차트

종종 프로 야구 팀들의 능력(예컨대 타격, 수비, 선발투수진, 불펜투수진, 장타 등의 능력)을 한 차트에서 비교하고자 할 때는 주로 방사형 차트를 이용한다. 또한 프로 농구 A팀의 주전 선수 5명의 능력(예컨대 리바운드, 2점슛, 3점슛, 어시스트, 블로킹 등)을 역시 한 차트에 비교하고자 할 때도 흔히 방사형 차트가 사용된다.

실습 15 다음은 3명의 학생의 5과목 성적과 방사형 차트의 결과물이다.

	국어	수학	영어	과학	사회
홍길동	95	60	90	65	95
백두산	80	40	50	65	60
마동탁	40	50	55	45	60
평균	71.7	50.0	65.0	58.3	71.7

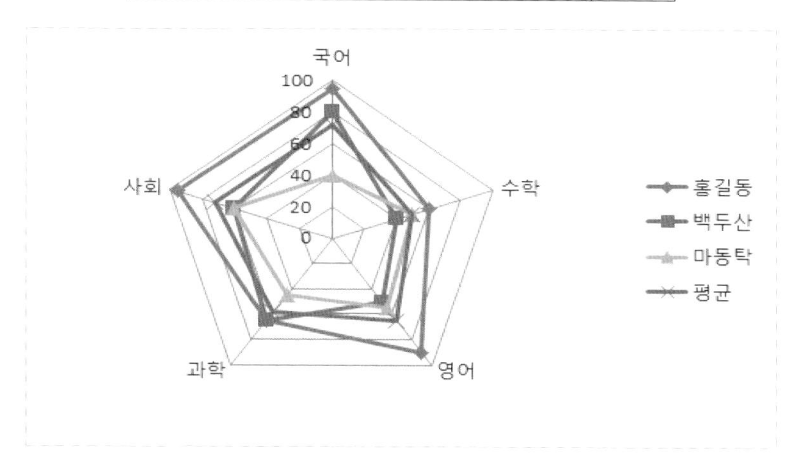

어떤 과목에 어떤 학생이 우수한 성적을 보이는지 아니면 좋지 않은 성적으로 보이는지를 한눈에 비교할 수 있다. 예컨대 홍길동 학생은 국어, 사회 그리고 영어 성적은 뛰어나지만 수학 성적과 과학성적은 평균보다는 조금 높지만 다른 과목에 비해 그리 좋은 성적은 아니다. 그리고 마동탁 학생의 5과목 성적은 대부분 평균 이하인 것을 알 수 있다. 백두산 학생은 국어와 과학 성적은 평균 이상이지만 그 외의 다른 과목의 성적은 평균 이하이다.

(6) 기타

Excel의 [삽입]탭에 있는 차트의 종류는 이외에도 여러 가지가 있다. 한 변수에 대한 비교에 종종 사용되는 원형 차트와 대분류와 소분류 형태의 자료에 사용되는 '도넛형 차트', 그리고 꺾은선형 차트를 2차원 면적으로 표현해서 더 강렬한 인상을 심어 줄 수 있는 '영역형 차트'도 있다. 그리고 비율이나 크기를 부피로 표현한 '거품형 차트'와 주식과 같이 시가와 종가 등이 포함된 자료에 사용되는 '주식형 차트'도 많이 사용된다. 각각의 자료의 특성을 가장 효과적으로 표현해 줄 수 있는 차트를 찾아 다양한 디자인과 레이아웃을 적용해서 정보 전달의 효과를 극대화시키기 위해서는 많은 연습이 필요하다.

제4장

기술통계법

피벗 테이블과 차트를 사용하여 자료를 정리하면 자료 속에 숨어 있던 많은 정보가 서서히 모습을 드러낸다. 그러나 표를 만들고 차트를 그리는 과정은 온전히 객관적이지 않고 결과를 해석하는데도 주관적인 경험이 작용하게 된다. 예컨대 표를 도수(개수)로 나타낼 것인지 비율로 표현할 것인지를 결정할 때, 주관적 선호도가 일부 작용하게 되고 또한 비율로 표를 만들 때 분모를 무엇으로 정할 것인지도 정해진 바가 없기 때문에 개인의 취향을 어느 정도 반영하게 된다. 게다가 표의 행과 열을 어떤 변수로 할 것인지에 따라 해석상 미묘한 차이가 발생하기도 한다. 차트 역시 사람에 따라 즐겨 사용하는 차트가 있게 마련이고, 차트의 디자인에 따라 다르게 보일 수도 있으며, 축의 길이 변화에 따라서도 다른 느낌을 주게 된다. 어렵게 자료를 정리하였는데 이런 차이가 발생하게 되어 사람마다 다른 해석을 하게 되는 일은 없어야 한다. 사람마다 거의 동일한 해석을 할 수 있는 방법은 없을까? 아프리카 사람들도 유럽 사람들 동남아 사람들도 모두 같은 정보를 읽어내도록 자료를 정리하는 방법은 없을까? 이런 정보를 제공하는 정리 방법으로 자료를 수식(통계)으로 요약한 '기술통계'를 이용하는데 Excel의 **[데이터]탭** > **[분석]그룹** > **[데이터 분석]메뉴** > **[분석도구]창** > **[기술통계법]**으로 구할 수 있다.

기술통계는 자료의 중심 위치에 대한 정보를 알 수 있는 (산술)평균, 중앙값 그리고 최빈값과 자료의 흩어진 정도(크기)에 대한 정보를 제공하는 범위, 분산 그리고 표준편차와 자료의 분포가 대칭인지 아닌지를 알려 주는 왜도와 평균 주변에 어느 정도나 자료가 밀집되어 있는지를 알려 주는 첨도 등을 말한다. 기술통계를 잘 해석하면 자료가 가지고 있는 정보를 객관적으로 해석할 수 있다. Excel은 이런 통계들을 각각 [함수 마법사]로 구할 수 있도록 하였고, [기술통계법]으로 한 번에 모두를 구할 수도 있다. 여기서는 [기술통계법]으로 결과를 출력하는 방법과 출력된 통계로부터 정보를 읽어내는 방법을 설명하도록 하겠다.

1. 기술통계의 출력

이미 설명하였듯이 [기술통계법]을 사용하기 위해서는 [추가기능]으로 [분석도구]를 설치해야 한다. 다시 한 번 설명하자면 추가기능은 **[파일]탭** > **[옵션]** > **[추가기능]** > **[이동]** > **[분석도구]**를 선택하면 [데이터]탭의 [분석] 그룹에 [데이터 분석]메뉴가 나타나고 [데이터 분석]메뉴를 클릭하면 나타나는 [분석도구]창에서 [기술통계법]을 선택하여 빈 칸을 채워주면 출력물이 원하는 지점에 나타난다. [기술통계법]을 선택하면 새로운 창이 또 나타나는데, 다른 분석도구와 마찬가지로 '입력'과 '출력옵션'으로 구성되어 있다.

'입력'에는 '입력 범위'와 '데이터 방향' 그리고 '첫째 행 이름표 사용'으로 구성되어 있다. '입력 범위'는 분석하고자 하는 자료의 범위를 마우스로 지정해 주면 되고, '데이터 방향'은 기본적으로 '열방향'이 지정되어 있으니 그대로 패스하고, 자료를 입력할 때 첫째 행에 이름표(변수 이름 혹은 필드 이름)까지 입력하였다면 이 부분을 선택하면 된다.(이름표를 입력하면 출력결과에 변수의 이름이 같이 나타난다.) '출력옵션'에서 어떤 출력 결과(통계)를 어느 곳에 만들 것인지를 지정하면 된다. '새로운 워크시트'에 출력하는 것이 미리 지정되어 있는데, '현재 시트'의 적절한 셀을 지정하여도 좋다. 물론 '새로운 통합문서'에 출력물을 나타나게 할 수도 있다. 출력 결과가 나타나야 할 위치를 지정하였다면, 보고 싶은 기술통계를 선택하면 된다. 앞에서 언급한 통계들은 모두 '요약통계량'을 선택하면 나타나기 때문에 반드시 선택해야 한다. 그리고 기술통계법에서 '요약통계량' 이외에 '평균에 대한 신뢰수준'과 'K번째 큰 값'과 'K번째 작은 값'은 필요할 때마다 선택하면 되는데, '평균에 대한 신뢰수준'을 선택해서 나타나는 통계는 '표본의 평균'으로부터 '모집단의 참값(모평균)'을 구할 때 표본평균의 '상한(=표본평균+평균에 대한 신뢰수준)'과 '하한(=표본평균−평균에 대한 신뢰수준)'을 구할 때 사용된다. 이때 이 구간을 '95% 신뢰구간'이라고 하고, 이 구간(하한~상한) 안에 참값이 포함될 확률이 95%라는 의미로 해석하면 된다.

실습 1 3장 〈실습 4〉의 성적자료를 사용하여 기술통계를 구하고 각각의 통계가 갖는 의미를 설명하여라.

1st. 자료를 시트에 입력한다.

2nd. [분석도구]창 > [기술통계법]을 선택 [입력범위]에 성적자료를 이름표 포함하여 입력하고, '첫째 행 이름표 사용'을 선택하고, 출력 장소로 '새로운 시트'를 선택한 후, '요약 통계량'을 선택한다. 추가로 '3번째 큰 값'과 '3번째 작은 값'을 얻기 위해 각각 '3'을 입력한 후, [확인]을 누르면 아래 표와 같은 결과가 출력된다.

성	적
평균	15.1
표준 오차	1.6
중앙값	10.0
최빈값	10.0
표준 편차	9.8
분산	95.7
첨도	−0.5
왜도	0.8
범위	35.0
최소값	0.0
최대값	35.0
합	575.0
관측수	38.0
가장 큰 값(3)	35.0
가장 작은 값(3)	5.0

[기술통계법]에 의한 결과물은 위의 표와 같이 나타난다.(소수점 '1' 자릿수로 표현하였다.) 여기에는 여러 가지 요약 통계가 포함되어 있는데 이 통계들을 이용해서 자료의 다양한 특성을 읽어낼 수 있다. 예컨대 자료의 대부분이 모여 있을 것으로 예상되는 '중심의 위치'를 알 수 있는 통계들(산술평균, 중앙값, 최빈값)이 있고, 산술평균을 중심으로 자료가 얼마나 많이 흩어져 있는가를 알 수 있는 '산포의 측도(범위, 표준편차, 분산)'들도 있으며, 자료의 분포 형태를 알 수 있는 통계들(첨도와 왜도)도 포함되어 있다. 좀 더 자세히 통계들의 의미를 알아보자.

2. 기술통계의 의미

(1) 자료의 중심 위치와 관련된 측도

① 평균 – [AVERAGE]

'전체 자료가 대부분 모여 있는 위치는 어디일까?' 모든 자료를 대표할 수 있는 값을 찾는 것은 큰 의미를 갖는다. 모든 학생들이 잘 알고 있는 '산술평균'은 자료들의 무게중심으로 전체 자료의 대푯값으로의 역할을 충실히 하는 통계이다. [기술통계법]에서는 산술평균이 가장 먼저 '평균'이라는 이름으로 나타난다. 산술평균은 전체 자료를 모두 합하여 자료의 개수로 나눈 값($\bar{x}=\sum x_i/n$)이다. 공식은 자료 하나하나가 단 하나의 대푯값(평균)으로 표현하려는 시도로부터 자연스럽게 유도되는데, '정규분포'에서 이 평균은 정확히 자료의 중심이며 평균 부근에 가장 많은 자료가 모여 있다. 정규분포에서는 대략 (평균 ± 표준편차)의 범위에 전체 자료의 약 70%가 밀집되어 있다. 그래서 봉우리 하나가 만들어지는 것이다. 또한 (평균 ± 2×표준편차)의 범위에 전체 자료의 약 95%가 그리고 (평균 ± 3×표준편차)의 범위에 전체 자료의 약 99.7%가 포함되어 있다.

산술평균은 많은 장점에도 불구하고 단 하나의 단점 때문에 특히 주의해야 한다. 예컨대 2012년 2월 27일 헤럴드 경제에는 "대한민국 75% 가정 '연봉 1000만원 실종' 왜?"란 기사가 실렸다. 국민 1인당 평균 소득이 2만3천 달러였는데 이보다 적은 소득을 받는 국민이 50%를 훨씬 상회하는 75% 정도였다니, 우리가 알고 있는 평균의 의미로는 이해가 안 된다. 또한 중위소득자의 소득인 1만 4200달러와는 거의 1천만 원의 차이가 발생한 것이다.(http://biz.heraldcorp.com/view.php?ud=20120227000236) 이런 현상은 일부의 부자가 너무 큰 소득을 올려 평균을 큰 값으로 끌고 가기 때문이다. 즉 소득의 불균형이 점점 커지고 있다는 의미가 된다. 소득과 같이 '부익부 현상(80대20 법칙)'이 심각한 경우에는 산술평균이 자료의 중심 위치를 올바르게 나타내지 못한다. 이런 평균으로 인한 착시 현상은 종종 화제가 되고 있다. 2015년 4월 8일 조선일보에는 "연봉 3배 상승? 평균연봉 1억7497만원? 한숨만 쉬는 다음카카오 직원들"이란 기사가 실렸는데, 일부 직원들(임원 특히 CEO의 가족들)이 받는 거액의 임금 때문에 전체 평균 연봉이 국내 최고가 된 것일 뿐이었다. 임원들을 제외하면 대략 5900만 원 정도인데 전체 직원의 평균 연봉은 무려 3배나 높게 발표되었으니 씁쓸해 할만하다.(http://news.chosun.com/site/data/html_dir/2015/04/08/2015040802738.html)

② 중앙값 – [MEDIAN]

산술평균의 단점을 보완하기 위해 주로 사용되는 평균이 '중앙값'이다. 일단 중앙값은 소수의 아주 큰 값이나 작은 값들의 영향을 전혀 받지 않는다. 중앙값은 전체 자료를 크기 순서대로 최솟값부터 최댓값까지 정렬했을 때 정확히 가운데 위치한 값(중위수)이기 때문이다. 일반적으로 상위 혹은 하위 50%로 표현되기도 한다.(사분위수에서 Q_2가 중앙값이다.) 자료의 개수가 홀수일 경우에는 중앙값은 단 하나로 쉽게 결정할 수 있지만, 짝수일 경우에는 단 하나의 값으로 정해지지 않는다. 예컨대 자료를 순서대로 나열하였을 때 {1, 2, 3, 4, 5}로 5개의 자료인 경우에는 중앙값은 쉽게 '3'으로 결정된다. 그러나 {1, 2, 3, 4, 5, 6}으로 자료의 개수가 짝수인 경우에는 '3'도 '4'도 중앙값이 되지 못한다. 정의대로 한다면 3보다 크고 4보다 작은 범위 안에 있는 모든 값이 중앙값이 될 수 있다. 즉 중앙값은 하나가 아니라 무수히 많다. 그래서 각기 다른 값을 사용하게 되면 약간 혼란스럽기 때문에 어떻게든 하나로 정하고자 약속을 하였는데, 경계에 있는 두 값(3과 4)의 산술평균인 '3.5'로 중앙값을 정하기로 하였다.

아래 첫 번째 그림과 같은 정규분포에서 중앙값은 산술평균과 동일한 값을 갖는다.(사실 최빈값도 동일하다.) 그래서 두 값이 거의 동일하다면 대략 대칭이고 이상값이 없다고 해석해도 된다. 그러나 꽤 큰 차이가 발생했다면 일단 자료는 '대칭'으로 분포하지 않는다고 해석해야 한다. 즉 아래의 두 번째 그림과 같이 '평균 > 중앙값'이라면 큰 값이 많은 오른쪽으로 '꼬리가 긴 분포(long tail distribution)'이고, 반대로 '평균 < 중앙값'이라면 왼쪽으로 꼬리가 긴 비대칭 분포로 해석하여야 한다. 두 값만 비교하여도 대칭성과 이상치의 유무를 어느 정도 확인할 수 있다.

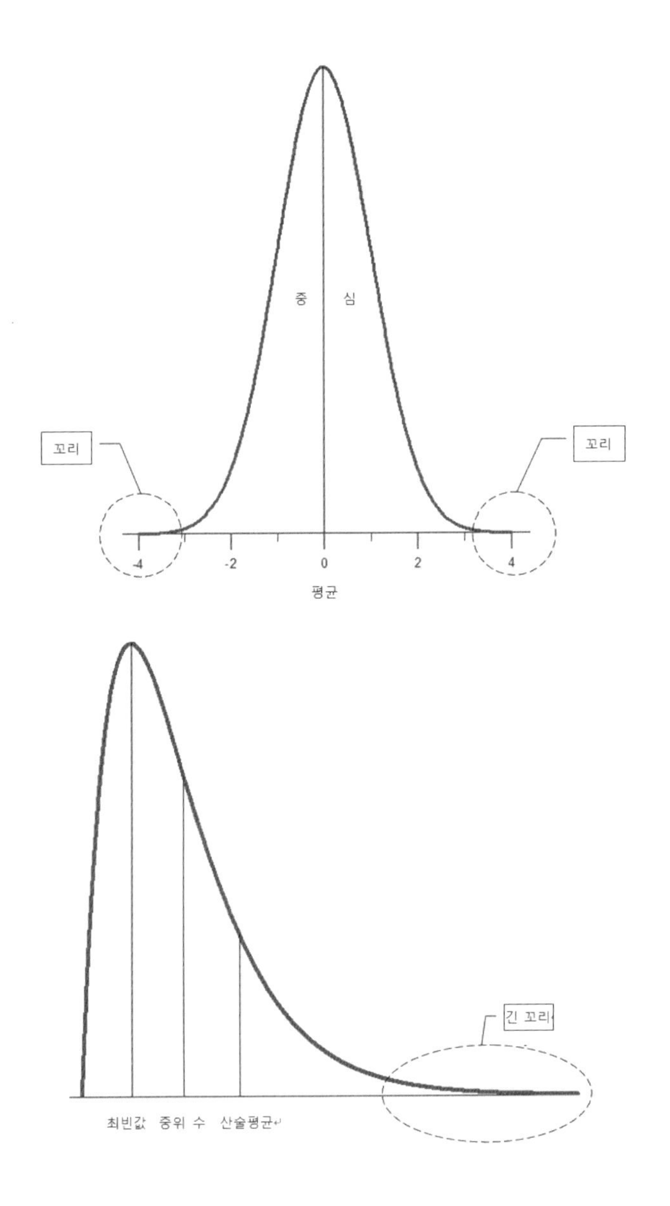

③ 최빈값 -[MODE]

자료 중에서 무게중심을 대푯값으로 정한 것이 산술평균이고, 크기 순서대로 정렬했을 때 중앙에 위치한 값이 중앙값이다. 자료 중에서 빈도수가 가장 높은 값을 대푯값으로 정하면 이 값이 '최빈값'이 된다. 대표자를 선발하는 선거와 같은 이산형 자료(성별이나 학년 그리고 출신지 등)에서는 다수결의 원칙에 의해 도수가 가장 높은 대푯값인 최빈값으로 대표자를 선택하지만, 키나 연령 혹은 소득과 같은 연속적인 자료에서는 최빈값이 쉽게 눈에 뜨지 않는다. 정규분포에서는 봉우리의 가장 높은 곳이 최빈값이며 산술평균과 중앙값과 최빈값은 같다. 그러나 오른쪽으로 꼬리가 긴 분포에서는 '최빈값 < 중앙값 < 평균'으로 나타나고, 왼쪽으로 꼬리가 긴 분포에서는 반대로 '평균 < 중앙값 < 최빈값'으로 나타난다. 이 세 값만 비교해 보아도 전체적인 자료의 분포 형태를 어느 정도는 짐작할 수 있다.

④ 기타

[기술통계법]으로는 알 수 없지만 종종 이용되는 평균들이 있다. 예컨대 가중평균, 절사평균, 기하평균과 조화평균은 위의 세 평균들이 적합하지 않은 상황에서 나름대로 제 역할을 충실히 하고 있다.

'가중평균(加重平均. weighted mean)'은 자료의 가중치를 달리하여야 하는 상황에서 적합한 평균으로 모든 자료의 가중치가 동일한 산술평균(가중치가 모두 1/n)은 사실 가중평균의 특수한 형태라고 할 수 있다. 학급의 인원수가 다른 경우에 평균을 구하는 문제도 가중평균으로 해결하고, 물가지수나 주가지수 역시 품목의 사용빈도(중요도)나 거래량 등이 다르기 때문에 가중평균을 사용해야 한다. Excel에서 가중평균을 한 번에 구하는 함수식은 없다. 각각의 상황에서 가중치가 모두 다르기 때문인데, 하나하나 단계별로 직접 계산하여 구하여야 한다.

'절사평균(切捨平均. trimmed mean)'은 자료를 순서대로 정렬했을 때 양 끝에 있는 크거나 작은 값들의 일부를 잘라버리고 나머지 자료만을 이용하여 산술평균을 구한 값이다. 이상값에 민감한 산술평균의 단점을 적극적으로 보완한 평균이다. 절사평균은 의외로 많이 사용된다. 예컨대 체조경기나 다이빙경기 등에서 많은 심사위원의 채점 중에서 최댓값과 최솟값을 제외하고 나머지 점수들의 산술평균을 구하여 순위를 결정하는데 이때 사용되는 평균이 절사평균이다. 이외에도 일부 심사위원의 정상적이지 않은 채점의 영향을 줄이거나 이상값을 제거할 목적으로 흔히 사용된다. 절사평균은 Excel의 함수식에 포함되어 있는데, 함수식 [TRIMMEAN]에서 'array'에 마우스로 자료를 입력하고, 'percent'에는 자료의 양끝에서 '잘라서 버릴(切捨)' 자료의 비율을 지정하면 된다. 예컨대 양끝의 20%(즉 각각 10%씩)를 제외하려면 'percent'에 '0.2'를 적어 넣으면 된다.

'기하평균(幾何平均, geometric mean)'은 자료가 비율(%)인 경우에 평균을 구하는 방식이다. 예컨대 첫해에는 원금에서 3%의 금리가 적용되고 다음 해에는 4% 그리고 그 다음해에는 5%의 금리가 적용되는 경우, 평균금리로 산술평균을 사용하면 올바른 값이 나오지 않는다. 그 이유는 다음 해에는 원금에 3%의 이자까지 반영된 값에 대한 4%가 적용되기 때문이다. 예컨대 위의 예에서 원금을 1만 원으로 하면, 10000×1.03×1.04×1.05 =10000×(1+평균)×(1+평균)×(1+평균)이기 때문에 (1+평균)^3=(1.03×1.04×1.05)에서 평균을 구하면 되는데 이때의 평균이 기하평균이다. Excel에서는 이런 복잡한 계산이 필요 없고, 단지 함수식 [GEOMEAN]을 사용하면 된다.

'조화평균(調和平均, harmonic mean)'은 각각의 변수들이 특정한 관계식에 의해 상호관련성이 있을 때 사용되는 평균이다. 예컨대 '거리=시간×속도'에서 일정한 거리에서 속도가 증가하면 당연히 시간이 줄어들 것이고, 반대로 시간이 증가하면 속도가 작아지게 된다. 이렇듯 하나의 값이 일정할 때 나머지 두 개의 값들이 서로 정확한 연관성을 가지고 변화하기 때문에 산술평균을 사용하면 올바른 평균을 구할 수 없다. 예컨대 '일정한 거리(100km)를 왕복할 때,

왕복 평균 속도가 15km/h였다. 갈 때 30km/h로 갔다면 올 때는 얼마의 속도(x)로 돌아 왔는지'를 계산하는 문제에서 평균속도 15km/h를 산술평균으로 생각하면 돌아 올 때의 속도는 '0km/h'이 된다. 움직이지 않고 돌아 올 수가 있을까? 순간이동을 하는 것이 아니라면 지극히 모순된 결과이다. 이런 상황에서 평균속도란 조화평균으로 해석하고 계산해야 한다. 그래서 $100/(1/30+1/x)=15$로 돌아 올 때의 속도를 구하면 된다. 수식은 매우 복잡하지만 Excel에서는 함수식 [HARMEAN]으로 간단히 구할 수 있다.

(2) 자료의 산포와 관련된 측도

자료의 대푯값인 평균이 동일한 자료의 특성이 모두 같은 것은 아니다. 예컨대 다음은 두 병원 A와 B의 환자대기시간(분)을 기록한 자료의 평균과 표준편차이다.

두 병원의 평균은 17분으로 동일하다. 그래서 환자들의 만족도도 같을 것으로 생각되었지만, 그렇지 않았다. B병원은 대기시간이 매우 길어 불편하다고 소문이 나 있었다. 왜 그럴까? 바로 산포인 표준편차가 B병원이 A병원보다 2배 이상 길기 때문이다. 즉 대기시간이 들쭉날쭉하여 환자들이 불편해 하고 있기 때문에 평균이 같지만 더 길게 느껴졌던 것이다. 이처럼 대기시간의 변동의 정도를 나타내는 표준편차의 차이는 평균만으로는 알 수 없었던 자료의 특성을 더 정확히 알 수 있도록 도와준다. 사실 중심의 위치를 나타내고 전체 자료를 대표하는 평균만으로 자료의 특성을 정확히 알기는 어렵다. 자료의 중심으로부터 자료 하나하나가 얼마나

	A병원	B병원
대기시간	10	17
	15	32
	17	5
	17	19
	23	20
	20	9
산술평균	17	17
표준편차	4.0	8.6

떨어져 있는지를 아는 것도 중심의 위치를 아는 것만큼 중요하다. 자료의 흩어진 정도를 나타내는 다양한 통계를 알아보자.

① 범위

자료의 최댓값([MAX])와 최솟값([MIN])의 차이가 범위이다. 범위는 매우 간단하게 구할 수 있으며 의미 또한 단순하다. 자료의 양 끝 값들 간의 차이(거리)를 나타낸다. 즉 단 두 개의 값만이 필요하다. 따라서 다른 많은 값들이 가진 정보는 모두 무시된다는 치명적 단점을 가지고 있다. 범위가 주는 정보는 매우 제한적이라 사실 그리 유용하게 활용되지는 않는다.

② 사분위수범위와 상자그림

범위가 가진 단점을 어느 정도 보완한 통계가 '사분위수 범위(四分位數範圍)'이다. 사분위수(quartile)는 전체 자료를 순서대로 정렬한 후, 자료의 개수로 4등분한 값들을 의미한다. 즉 최솟값으로부터 위로 자료의 개수가 25%인 위치에 있는 자료 값이 '제1사분위수(Q_1)'이고, 최댓값으로부터 아래로 25%인 위치의 값(혹은 최솟값으로부터 75%)이 '제3사분위수(Q_3)'이다. 당연히 중앙에 위치한 상위 혹은 하위 50%인 값은 중앙값으로 '제2사분위수(Q_2)'이다. 사분위수 범위란 $Q_3 - Q_1$이며, 중심부근에 위치한 50%의 자료의 밀집의 정도(혹은 산포의 정도)를 나타낸다. 이 값이 (상대적으로) 작다면 중앙값을 중심으로 자료가 밀집되어 있어 봉우리가 매우 높게 형성된다는 의미이고(풍선을 양손으로 누르면 공기가 밀집되어 손바닥 사이로 높이 올라오는 모습을 상상하면 된다), 이 값이 (상대적으로) 크다면 중심부근에 자료가 듬성듬성 모여 있어 봉우리의 높이가 완만하다는 뜻이다.

사분위수 범위는 양 끝의 최댓값과 최솟값 이외에 중심부근의 50% 자료의 분포 특성에 대한 정보를 알려준다. 또한 이 5개의 통계(최솟값, Q_1, Q_2, Q_3, 최댓값)

만으로 아래와 같이 '상자그림(box plot)'을 그려보면 두 개 이상의 자료집단의 분포 특성을 비교하기 쉽다. 아래 상자그림(1반과 2반의 '생활과 통계' 성적)은 SPSS라는 통계 팩키지(package)를 이용하여 그린 것이다. 불행히도 Excel로는 상자그림을 그릴 수 없기 때문이다.

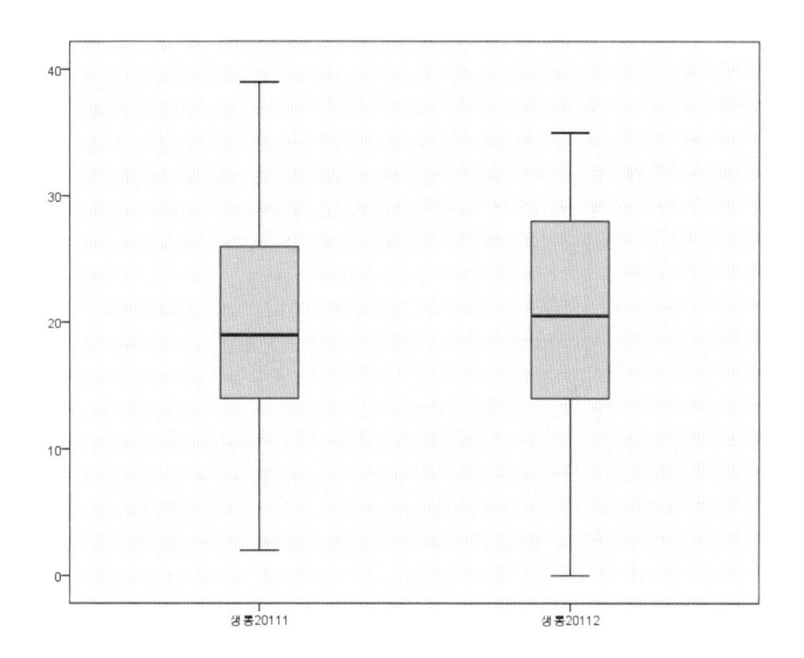

상자의 아래 가로선이 Q_1이고 위 가로선이 Q_3이며 가운데 굵은 가로선이 중앙값인 Q_2이다. 그리고 상자 밖의 실선의 끝은 각각 최솟값과 최댓값이다. 따라서 상자의 세로 높이가 사분위수 범위가 된다. 각각 분할된 범위에 25%씩의 자료가 분포되어 있다고 생각하면서 두 그림을 비교해 보자. 1반의 사분위수 범위가 2반보다 짧다. 즉 중심부근의 50% 성적 자료가 1반이 더 밀집되어 있다는 뜻이다. 그리고 Q_3로부터 최댓값까지의 실선의 길이가 1반이 2반보다 많이 길다. 1반에 높은 점수를 받은 학생들이 꽤 많이 길게 흩어져 있다는 의미가 된다. 2반은 Q_1으로부터 최솟값까지의 실선의 길이가 1반보다 길다. 낮은 점수를 받은 학생이 꽤 길게 밑으로 퍼져 있다는 뜻이다. 상자 안을 살펴보자. 1반은 굵은 실선인 중앙값 Q_2가 딱 중간에 위치하고 있지 않고 아래쪽으로 내려가 있다. Q_2 아래의 25%의 자료가 Q_2 위의 25% 자료보다 더 밀집되어 있다는 의미이다. 이 정도 정보로 자료의 분포가 어느 정도 그려지는가?

사분위수도 많이 사용되지만 백분위수(百分位數, percentile) 역시 자주 사용된다. 즉 전체 자료를 자료의 개수로 100등분한 수를 의미한다. 또한 10등분한 '십분위수'와 5등분한 '오분위수'도 종종 사용된다. 특히 대칭이 아닌 오른쪽으로 꼬리가 긴 분포인 소득 분포에서 계층을 나눌 때는 일반적으로 산술평균이 아닌 중앙값을 포함한 분위수를 사용한다.

③ 표준편차와 분산 – [STDEV]와 [VAR]

사분위수 범위도 전체 자료를 모두 사용한다고 보기는 어렵다. 산술평균과 마찬가지로 모든 자료를 사용하여 산포의 정도를 나타내는 측도는 없을까? 이런 생각을 반영한 통계가 '표준편차(標準偏差, standard deviation)'와 '분산(分散, variance)'이다. 표준편차는 산술평균을 중심으로 자료들이 어느 정도 흩어져 있는지를 나타내는 통계다. 즉 표준편차는 각각의 자료와 평균과의 차이(편차, deviation)들의 평균값이다. 그런데 편차의 합은 항상 '0'이 되기 때문에(산술평균이 무게중심이기 때문) 편차들을 모두 '제곱'한 후, 평균을 구한다. 그런데 편차를 제곱하면 원자료(raw data)가 가진 단위(unit)가 달라진다. 예컨대 원자료가 키(cm)라면 편차의 제곱은 면적(cm^2)이 된다. 이를 수정하기 위해 편차 제곱의 평균의 제곱근(square root)을 구한 것이 표준편차로 사용된다. 표준편차의 의미를 설명하기 위해 복잡하지만 표준편차를 정의하는 방법으로 설명하였다. 어려웠다면 표준편차가 모든 자료를 사용하여 자료가 흩어진 크기를 측정하는 측도이고, 일종의 평균이라는 사실만 기억하면 된다. 나머지는 모두 Excel이 알아서 구해준다.

분산은 표준편차에서 제곱근을 씌우기 직전의 값이다. 즉 표준편차의 제곱이다. 두 값들 중에서 당연히 표준편차가 많이 사용된다. 단위도 같아 값의 크기에 대한 감을 확실하게 잡을 수 있기 때문이다. 분산은 매우 큰 값이 나올 뿐 아니라 단위도 다르기 때문에 현실감이 떨어진다.

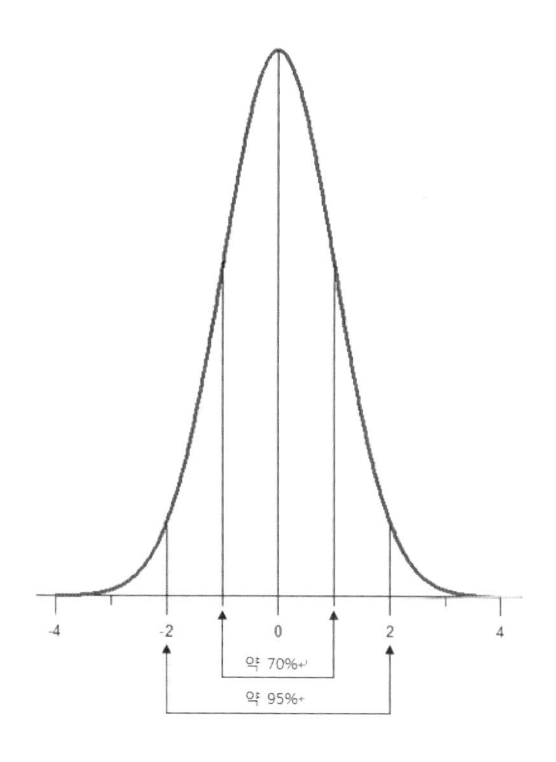

평균에서 설명하였듯이 평균과 표준편차를 이용하여 위의 그림과 같이 자료의 분포를 추정할 수 있다. 예컨대 (평균±1×표준편차)의 범위 안에 전체 자

료의 70% 정도가 밀집되어 있다. 이 범위가 작으면 자료의 밀집도는 높고, 봉우리도 역시 높다는 뜻이다. 그리고 (평균±2×표준편차)의 범위 안에 전체 자료의 95% 정도가 포함되어 있다. 표준편차가 크다고 꼭 나쁜 것은 아니다. 표준편차가 크면 자료의 변동이 심하다는 뜻이고 안정적이지 못하다는 의미인데, 반드시 '나쁜 것'이라는 뜻은 아니다. 긍정적인 측면도 많다. 예컨대 주식의 변동성이 높으면 위험성도 높아지지만 일반적으로 평균 수익률도 높아진다. 또한 여러 과목 중에서 변동성이 가장 큰 과목은 내가 좋은 석차를 받기 위해 가장 영향력이 큰 과목일 수 있다. 제품의 품질에 가장 영향력을 많이 끼치는 변수 역시 변동성이 큰 변수이다. 불량 원인을 제거하는데 큰 도움을 준다.

표준편차와 분산을 구하는 함수식은 각각 두 종류가 있는데, 하나는 모집단(population)에서의 표준편차 [STDEV.P]와 분산 [VAR.P]이고, 다른 하나는 표본(sample)에서의 표준편차 [STDEV.S]와 분산 [VAR.S]이다. 사실 큰 차이는 없고, 다만 분모가 모집단에서는 'n'이고 표본에서는 'n-1'인 차이일 뿐이다. [STDEV.P]와 [STDEV.S] 구분한 이유는 [STDEV.S]가 표본으로부터 얻은 표준편차를 사용하여 모집단에 대한 정보를 추론할 때 '불편성(不偏性. unbiasedness)'이라는 매우 좋은 성질을 가지고 있기 때문이다.(구체적인 설명은 생략하는데, 궁금한 사람들은 통계학 책을 찾아보면 된다.) 두 집단의 변동성을 비교하기 위해서 표준편차끼리 비교할 수 있다. 그런데 두 집단의 자료 단위가 틀리거나(예컨대 하나는 cm이고 다른 하나는 kg), 자료의 크기에서 현격한 차이가 발생한다면(같은 단위지만 갓 태어난 영아의 몸무게는 대략 2kg~5kg이고, 성인의 몸무게는 두 자릿수인 50kg~100kg), 표준편차를 그대로 비교하는 것은 좋은 방법이 아니다. 모름지기 비교를 제대로 하기 위해서는 '동일한 기준'이 적용되는지를 살펴보아야 한다는 점을 기억하자! 만일 동일기준이 아니라면 기준을 동일하게 만들어 주어야 한다. 특히 단위가 다를 경우에 단위를 모두 제거하여 단위로부터 자유로운 통계를 만드는 방법으로 비(比. ratio) 혹은 비율(比率. percentage 혹은 ratio) 등을 사용한다. 자료의 변동성을 비교하기 위해서는 기본적으로 표준편차를 사용하고, 단위에 무관하고 자릿수에 무관하게 만들기 위해 평균으로 나눈 값을 사용한다. 즉 '표준편차/평균'인 '변동계수(變動係數. coefficient of variation)'를 사용한다. 변동계수는 Excel에서 하나의 함수식으로 구할 수 없다. 따라서 표준편차와 평균으로 직접 계산해 주어야 한다.

④ 표준화 변환

수학능력시험의 결과표에는 원점수가 아닌 표준점수와 백분위점수 그리고 등급점수가 기록되어 있다. 원점수를 사용하지 않는 이유는 학생들마다 선택하는 과목이 다르고, 과목마다 난이도 역시 다르기 때문에 원점수로 비교하는 것이 적절하지 않다는 사실을 모두 알기 때문이다. 백분위점수는 앞에서 이미 설명했다. 즉 내 점수 아래로 몇 %의 학생들이 있는지를 알 수 있는 위치정보를 제공해 준다. 난이도 차이 등을 동일하게 맞추어 주기 위해서 사용되는 '표준점수=(원점수-평균)/표준편차'는 상위권 학생들의 변별력을 높여주는 통계이다. 역시 단위에도 자유롭고 난이도 차이 등에서도 구애받지 않는 변환 방법이다. 또한 백분위점수가 0~100까지의 숫자로 구성되어 있는 반면, 표준점수는 100 이상의 값도 가능하기 때문에 경쟁이 치열한 학교에서 입학 전형방법으로 종종 사용된다. 등급은 표준점수를 기준으로 나눈 값으로 1등급은 상위 4%, 2등급은 7% 그리고 3등급은 11% 등으로 9등급까지 분류한 값이다. 표준점수가 다른 많은 학생들이 한 등급으로 변환되기 때문에 변별력이 약하다. 따라서 수능에서는 주로 최저학력기준으로만 사용된다.

(3) 자료의 분포 형태와 관련된 측도

자료의 분포가 대칭인지 아닌지 그리고 평균 주변의 중심부근에 얼마나 많은 자료가 어느 정도로 밀집되어 있는지를 객관적인 측도로 안다면 전체 자료의 모양을 그리는 데 많은 도움이 된다. 물론 이미 평균과 중앙값을 비교함으로써 대칭인지 아닌지를 대략 알 수 있고, 평균과 표준편차를 이용하여 중심부근의 자료 밀집도 역시 어느 정도는 짐작할 수 있다.

① 왜도 – [SKEW]

왜도는 한자로 歪度이고 영어로는 skewness이다. 말 그대로 삐뚤어진 정도이고 치우친 정도라는 뜻이다. 즉 대칭을 기준으로 어느 방향으로 얼마나 자료가 치우쳐서 분포되어 있는지를 나타내는 측도이다. 완전히 대칭인 정규분포는 왜도가 '0'이다. 왼쪽(작은 값)으로 치우쳐 있는(꼬리가 긴) 분포는 왜도가 '음수(-)'이고, 오른쪽(큰 값)으로 치우쳐 있는(꼬리가 긴) 분포는 왜도가 '양수(+)'이다. 물론 적당한 계급의 수를 가진 히스토그램을 그려 시각화시킨 후, 이 통계들을 사용하면 완벽하게 대칭성에 대한 질문에 답을 줄 수 있다.

② 첨도 – [KURT]

첨도는 한자로 尖度이고 영어로는 kurtosis이다. 즉 중심부분의 봉우리가 얼마나 뾰족한지를 나타내는 측도이다. 왜도와 마찬가지로 정규분포에서 첨도는 '0'이다. 첨도가 '양수(+)'이면 더 뾰족하다는 의미로 중심부분의 밀집도가 매우 크다는 뜻이고, 첨도가 '음수(-)'이면 덜 뾰족하다는 의미로 자료가 중심부근에 매우 듬성듬성 분포해 있다는 의미이다. 첨도와 더불어 표준편차 등을 사용하면 좀 더 정확하게 자료가 얼마나 집중되어 있는지를 알 수 있다.

(4) 기타

[기술통계법]에 나타난 요약통계 중에서 아직 설명하지 않은 몇 가지가 있다. 하나는 '출력옵션'에서 항상 선택해야 하는 '요약통계량'에서 '평균' 바로 아래의 '표준오차'이고, 나머지는 '출력옵션'에서 선택이 가능한 '평균에 대한 신뢰수준'과 'K번째 큰 값'과 'K번째 작은 값'이다.

① 표준오차

표준오차는 평균의 표준편차이다. 이 값은 표본으로부터 모집단의 참값을 추정할 때 주로 사용하는데, 평균에 대한 표준편차는 표준편차보다 표본크기의 제곱근만큼 작아진다. 즉 '표준편차/ $\sqrt{n}$ '이다. 이 값은 '평균에 대한 신뢰수준'을 구할 때도 사용된다.

② 평균에 대한 신뢰수준

신뢰수준은 95%로 이미 지정되어 있다. 물론 90%나 99% 등으로 바꿀 수 있지만 대부분의 경우에 95% 사용한다. 표본평균은 오차를 갖게 되는데, 95% 신뢰수준에서는 대략 '1.96×표준오차'로 계산한다. 대략 '2×표준오차'로 기억하면 된다. 자료가 정규분포를 할 때 (평균±2×표준편차)에 포함된 자료가 95%가 된다는 사실을 기억하는가? 평균에 대한 95% 신뢰수준은 '2×표준오차'를 의미한다. 다음 장에서 배우게 될 추론에서 주로 사용되는 개념이다.

③ K번째 큰 값과 K번째 작은 값

최솟값과 최댓값은 '요약 통계량'을 선택하면 자동적으로 출력된다. 간단하게 그 이외의 큰 값이나 작은 값을 알고 싶을 때 주로 사용한다. [순위와 백분율]을 통해 더 많은 자료의 서열을 알 수 있기 때문에 자주 사용되지는 않는다.

3. 확률에 대한 이해와 계산 방법

표와 차트 그리고 기술통계를 사용하여 자료를 정리하고 기초적인 요약을 통해 자료가 가지고 있는 정보를 얻을 수 있었다. 그러나 이것으로 충분한 것은 아니다. 지금까지의 자료 정리 방법은 가장 기초적인 분석방법이고 이렇게 얻은 정보들을 사용하여 좀 더 많은 '추론(推論, inference)'을 할 수 있다. 추론이란 작은 표본으로부터 얻은 정보를 활용하여 우리가 정말로 알고자 하는 목표집단인 모집단의 참값을 알아내고 모집단의 참값들에 대한 검정(비교)을 하는 통계적 방법을 말한다. 쉽게 설명하자면 셜록 홈즈 같은 탐정이나 CSI에서 현장의 작은 정보들을 사용하여 퍼즐을 맞춰가면서 범인을 추적하는 것과 유사하다. 통계학에서 추론은 모집단의 참값을 '추정(推定, estimation)'하거나 모집단의 참값들 간의 비교를 위한 '가설검정(假說檢定, hypothesis test)'으로 구성되어 있다. 물론 대부분의 추정과 검정은 골치 아플 정도로 복잡한 수식을 조건에 맞게 변형시키며 직접 계산할 필요 없이 Excel의 출력물에서 쉽게 추정과 검정의 결과를 읽을 수 있다.

그렇더라도 출력 결과를 제대로 읽고 이해한 후 올바르게 판정하기 위해서는 '확률(probability)'에 대한 이해가 필요하다. 자료를 분석하기 위해서 Excel을 사용하고 있지만 사실 이론적인 기초는 모두 확률로부터 시작되기 때문이다. 따라서 확률에 대한 정의로부터 시작하여 가장 자주 사용되는 정규분포나 이항분포 등의 확률분포의 특성과 Excel의 함수식들을 사용해서 확률을 계산하는 방법을 살펴보도록 하겠다.

(1) 확률에 대한 이해

확률이란 무엇인가? 일상생활에서 우리는 아주 쉽게 '확률' 혹은 '가능성'이란 용어를 종종 사용된다. 매일매일 일기예보에서 캐스터가 얘기하는 강수확률 등으로 옷이나 우산을 선택한다. 여행을 할 때도 목적지의 기후에 대한 정보를 가장 먼저 확인하고 계획을 수립한다. 모두들 자신들도 모르게 이미 확률적 사고를 하고 있다. 특히 고스톱이나 카드 게임 등을 할 때, 그리고 승자를 예측하여 베팅을 할 때도 즐겁게 확률적 사고를 하곤 한다. 대부분의 사람들은 도수분포표에서 해당 계급구간에 속하는 도수를 전체 자료의 수로 나눈 '상대도수'로 확률을 이해한다. 즉 전체 자료의 개수 중에서 특정 사건이 발생한 개수의 비율이 곧 확률이다. 예를 들어 주사위를 던졌을 때 3의 배수가 나타날 확률은 전체 6가지 경우의 수 중에서 2가지뿐이므로 2/6=1/3이 된다. 그리고 동전을 던져서 앞면이 나타날 확률이 '1/2'이란 사실은 누구나 알고 있다. 그런데 실제 동전을 던졌을 때, 대부분 던진 횟수의 '1/2'만큼 앞면이 나타나지 않는다. 즉 10번을 던졌을 때 5번 앞면이 나타나는 일이 오히려 드물다. 100번을 던져도 50번 앞면이 나타날 가능성은 그리 많지 않다. 운이 매우 좋아야 50번만 앞면이 나타난다. 왜 우리가 너무나 당연하다고 생각하고 있는 확률과 실제 결과가 서로 다를까?

동전을 많이 던지면 던질수록 앞면이 나타나는 사건의 상대도수를 구해보면 정확하게 1/2이 나오지는 않지만 점점 1/2에 가까워지고 있다는 사실을 확인할 수 있다. 또한 동전던지기에서 이미 나타난 결과는 앞으로 나타날 결과에 전혀 영향을 주지 않는다. 이전에 뒷면이 나왔다는 사실이 이번에 앞면이 나타날 것이라는 결과로 이어지지 않는다는 뜻이다. 매번의 시행은 앞의 결과를 전혀 기억하지 못한다. 즉 매 시행마다 앞면과 뒷면이 나타날 확률은 동일하게 1/2이다. 이것이 유명한 '대수의 법칙(大數의 法則. law of large numbers)'이다. 이 법칙을 사용한 가장 성공적인 비즈니스모델이 카지노와 보험회사다. 통계학에서 각각의 동전을 던지는 행위는 모두 '독립적'이라고 한다. 독립적인 시행은 이전의 결과가 다음의 결과에 전혀 영향을 주지 않기 때문에 전혀 결과를 예측할 수 없다. 그러나 장기적으로는 어떤 패턴을 따른다. 즉 1/2로 수렴한다. 이것이 '랜덤(random)한 현상(혹은 무작위 현상)'에 대한 이해이며 '대수의 법칙'이다.

동전을 던져서 앞면이 나타날 확률은 1/2이고, 뒷면이 나타날 확률도 1/2이다. 동전을 던지면 앞면 혹은 뒷면만 나온다. 따라서 동전을 던지는 사건의 결과는 단 두 가지이고 이 두 가지 사건이 나타날 확률은 은 각각 1/2인 것이다. 이런 표현을 '확률분포(確率分布. probability distribution)'라고 한다. 포커 게임에서 '족보'가 나타날 확률도 역시 확률분포다. 어떤 사건(혹은 변수)의 확률분포를 안다면 그 사건(변수)에 대한 모든 정보를 알 수 있다. 예컨대 우리나라 성인남자의 키에 대한 측정 자료로부터 히스토그램(확률분포)을 그리면 180cm 이상인 남자가 얼마나 많은지를 알 수 있다. 어떤 농구선수의 슛 성공률을 알고 있다면, 그 사람이 30번 슛을 던져 15번 이상 성공할 확률도 알 수 있다. 모두 확률분포를 알기 때문이다. 생명표(연령별 사망 확률표)를 보면 25세인 남성의 1년 후, 2년 후, 10년 후, 20년 후의 사망확률을 알 수 있고, 따라서 그가 얼마의 보험료를 내야 할지를 계산할 수 있다. 도박에서 다음 카드가 '스페이드'일 확률을 어림값으로 계산할 수 있고, 그 확률에 따라 베팅을 하고 승리를 점칠 수도 있다.

대부분의 측정 자료들은 '정규분포'라는 확률분포를 한다. 예컨대 약 58만 명 수험생들의 수학능력시험성적이나, 어느 대학교 학생들의 키나 몸무게 등도 정규분포를 하고, 공장에서 만들어지는 제품의 길이도 역시 정규분포를 한다. 정규분포는 가장 이상적(理想的)인 분포로 알려져 있다. 정규분포의 형태는 이미 앞 절에서 표준편차를 설명할 때 그림으로 보여 주었다. 수능시험을 본 후, 당국은 적절한 크기의 표본을 무작위로 추출하여 성적 분포가 정규분포임을 확인한다. 대부분의 측정 가능한 변수들(예컨대 키, 몸무게, 길이, 넓이, 두께 등)은 모두 정규분포를 하고, 그렇지 않은 변수들(예컨대 불량률, 오염률, 성공률, 지지율, 동전 던져 나타나는 앞면의 수나 주사위를 던져 나타나는 각종 사건들 등)까지도 시행 횟수가 늘어나면 근사적으로 정규분포를 따른다는 사실이 이미 수학적으로 증명이 되어 있다. 이것이 유명한 '중심극한정리(中心極限整理, The Central Limit Theorem ; CLT)'이다. 정규분포의 활용도는 매우 넓다. 공장에서 품질관리를 할 때 사용되는 분포는 대부분 정규분포를 기준으로 삼아 양품과 불량품이 나타날 확률을 구할 수 있으며, 의류업체나 가구업체에서 제품을 생산할 때 옷이나 가구의 규격을 정할 때도 국민의 체형 분포를 고려해야 하는데도 역시 정규분포가 사용된다. 즉 키와 가슴둘레, 팔의 길이, 목의 두께 등도 모두 정규분포를 따르기 때문에 성인 남성의 몇 %가 180cm 이상인지, 그리고 A라는 선수가 오늘 경기에서 5골 이상 넣을 확률도 계산이 가능하다.

(2) 정규분포에서 확률 구하는 방법 - [NORM.DIST]

정규분포를 나타내는 곡선은 매우 편안해 보이지만 식은 꽤나 복잡하다. 정규분포의 확률밀도함수(probability density function)는 모평균이 μ이고, 모표준편차가 σ인 경우에 $f(x)=\frac{1}{\sqrt{2\pi}\,\sigma}exp\left\{-\frac{(x-\mu)^2}{2\sigma^2}\right\}$이다. 과거에는 이 식으로부터 확률을 직접 계산하였는데 그리 만만한 작업이 아니었다. 그런데 Excel은 이런 불편한 작업을 아주 쉽게 할 수 있는 기능을 가지고 있어서 확률과 누적확률 그리고 역함수를 이용한 기각치(즉 확률 혹은 누적확률이 주어지고 그 확률 혹은 누적확률에 해당하는 x값)까지도 구할 수 있게 되었다.

정규분포에서 확률을 구하기 위해서는 함수식 [NORM.DIST]을 이용하면 된다. 이 함수식에 입력해야 하는 인자는 (x, mean, standard_dev, cumulative)이고, 'x'에는 확률을 구하고자 하는 값을 입력하고, 'mean'은 평균을 그리고 'standard_dev'에는 표준편차를 입력시키면 된다. 그리고 'cumulative'는 논리값으로 TRUE(혹은 '1')과 FALSE(혹은 '0')을 입력할 수 있는데, 각각 누적확률과 밀도함수를 구할 수 있다. 여기서 누적확률이란 'x값 이하'의 확률을 그리고 밀도함수는 'x'에서의 확률을 말한다. 평균과 표준편차에 따라 정규분포는 달라지는데, 이를 표준화시킨 '표준정규분포'에서는 항상 '평균=0'이고 '표준편차=1'이기 때문에 특별히 평균과 표준편차를 각각 입력시킬 필요가 없으며 확률을 계산하고자 할 때는 [NORM.S.DIST]를 사용한다.

종종 확률이 주어진 상태에서 해당하는 점수인 'x값'을 찾고자 할 때가 있다. 예컨대 시험에 응시한 학생 1000명 중에서 하위 20%를 불합격시키고자 할 때, 몇 점 이하를 불합격으로 처리할지를 알고 싶을 때가 있다. 이 값을 기각치(critical value 혹은 임계값)이라고 하는데, [NORM.INV(probability, mean, standard_dev)]을 사용하여 쉽게 기각치를 계산할 수 있다. Excel에서 함수식은 항상 누적확률로 확률을 읽어 들인다. 여기서 'probability'에는 주어진 확률을 입력시키면 된다. 그리고 당연히 표준정규분포에서는 [NORM.S.INV(probability)]를 이용하면 된다. 기각치는 다음 장의 통계적 추론(추정과 검정) 과정에서 반드시 알아야 하는 'p-값(유의확률)'을 구하는데 꼭 필요하니 기억해 두기 바란다.

실습 2 우리나라 성인 남자(25세~29세)의 신장은 평균이 173.6cm이고 표준편차는 5.7cm인 정규분포를 따른다고 알려져 있다. 180cm 이상인 남성은 전체의 몇 %인지를 구하기 위해서 Excel의 함수식 [NORM.DIST(180, 173.6, 5.7, TRUE)]를 이용하면 '0.86924'가 계산

된다. 그런데 이 값은 '180cm 이하'인 누적확률이기 때문에 문제에서 같이 '180cm 이상'을 구하기 위해서는 1−0.86924=0.130760이 원하는 답이 된다. 즉 한국 성인 남성 중 약 13.1% 정도가 180cm 이상이다. 그리고 상위 10%와 하위 10%에 해당하는 키의 값은 얼마인지를 알기 위해서는 각각 probability에 0.9(즉 하위 90%에 해당하는 키)와 0.1(즉 하위 10%에 해당하는 키)을 입력시키면 된다. [NORM.INV]를 사용하여 기각치를 구하면, 상위 10%가 되는 최솟값은 [NORM.INV(0.9, 173.6, 5.7)]=180.9048cm이고 하위 10%의 최댓값은 [NORM.INV(0.1, 173.6, 5.7)]=166.2952cm가 된다. Excel에 함수식을 입력할 때, 항상 '='을 먼저 넣어야 한다는 사실을 잊지 말아야 한다.

Excel에는 정규분포 이외에도 많은 확률분포의 확률과 기각치를 구할 수 있다. 예컨대 변수의 값들이 연속적(連續的)인 연속확률분포인 t-분포, F-분포, χ^2-분포 등과 변수의 값들이 이산적(離散的. 예컨대 1, 2, 3...과 같이 서로 떨어져 있는 값)인 이산형 확률분포인 이항분포([BINORM.DIST]와 [BINORM.INV])와 포아송분포([POISSIN.DIST]) 등의 확률도 쉽게 구할 수 있다. 필요할 때 각자 찾아서 같은 방식으로 구하면 된다.

Part Ⅲ

추론 – 비교와 관계

제5장

비교와 선택

1. 모집단을 닮은 표본

(1) 무작위 추출

선택에는 항상 손실이 따른다. 그래서 사람들은 손실을 가능하면 작게 만드는 선택을 하고 싶어 하지만 그리 만만한 일이 아니다. '전체 자료'로부터 각각 평균을 구하여 크기를 비교하는 일은 그리 어려운 일이 아니지만 '표본'으로부터 각각 구한 평균들의 크기를 비교하는 일은 그리 쉬운 일이 아니다. 뭐가 다른가? 예컨대 지난 1년 동안 A매장과 B매장의 월평균 판매액을 비교하여 많이 판매한 매장을 선택하여 상금을 주려면, 단지 1년 동안의 총매출액을 '12'로 나누어 비교하면 된다. 그 결과 단 1만 원이라도 월평균 매출액이 많은 매장에게 상금을 주면 된다. 회계장부를 조작하지 않았다면 월평균 매출액에 어떤 오차도 없다. 그러나 A대학교와 B대학교 학생들의 평균 키를 비교하는 작업은 그렇게 쉽지만은 않다. 각 대학교의 전체 학생의 키를 모두 정확하게 측정한 자료가 있다면 문제가 없겠지만, 사실 이렇게 전체 자료를 모두 얻는 행운(전수조사, 全數調査, census)은 거의 발생하지 않는다. 따라서 대부분의 경우 극히 작은 표본을 추출하게 되는데 이것이 표본조사(標本調査, sampling survey)이다. 예컨대 각 대학교의 전체 학생 수가 각각 1만 명과 1만 5천 명이고, 이 중 200명씩을 '무작위(無作爲, random)'로 추출한 표본을 조사하여 자료를 얻는 방식이 표본조사이다.

이렇게 작은 표본으로 과연 정확한 비교가 가능할까? 의심을 하는 것도 당연하다. 200명의 표본은 각 대학교의 전체 학생 수의 단 2%와 1.33%뿐이기 때문이다. 그런데 대부분의 조사에서 항상 이렇게 작은 표본으로 전체를 추정하는 일에 주저함이 없다. 그것이 가능한 이유는 '표본이 모집단을 닮아 있기 때문'이고, 이렇게 표본을 닮게 만드는 방법이 바로 '무작위 추출법'이기 때문이다. 무작위 추출법은 대부분의 사람들이 이미 잘 사용하고 있다. 예컨대 국을 한 솥 끓여 국의 맛을 보기 위해서 솥 안의 국을 모두 맛보는 사람은 없다. 단지 솥 안의 국을 잘 섞은 다음 단 한 숟가락만 떠서 맛을 보는데 이런 방식이 바로 '표본조사'이다. 솥 안의 국을 잘 휘저어 '단 한 숟가락'을 떠도 전체 국의 맛을 알 수 있다는 자신감은 단 한 숟가락에 있는 국이나 솥 안에 있는 국이 같을 것이라는 믿음 때문이다. 이것이 무작위 추출법이다. 솥 안의 어떤 곳에서 한 숟가락을 뜨든 모두 맛이 같다. 맛을 보기 전에 이미 잘 섞었기 때문이다. 무작위 추출법의 핵심은 이렇듯 어떤 곳에서 숟가락을 뜨든 맛이 같게 만들기 위해 미리 국을 잘 섞은 다음 한 숟가락 추출하는 것이다. 솥 안의 모든 곳의 한 숟가락 추출 확률을 동일하게 만들어야 한다. 이런 방식으로 표본을 추출하여 누가 대통령에 당선 될지를 예측한다. 대통령 선거가 있기 전에 누가 당선이 유력한 후보인지를 알고자 하는 많은 대중들을 위해 실시되는 각종 여론조사는 결국 표본조사이고, 이때 표본의 수는 단지 1000명 정도일 뿐이다. 우리나라 4천 만 명 정도의 유권자들 중 단 0.025%이다. 이렇게 작은 표본으로부터 얻은 정보로 당선자를 미리 알 수 있는 이유도 표본이 무작위로 추출되기 때문이다. 믿어도 좋다.

(2) 모수와 표본 통계

무작위로 표본을 추출하여 얻은 정보는 참값이 아니다. 참값은 모집단을 정확하게 모두 조사하여야 알 수 있다. 모집단의 참값을 '모수(母數 parameter)'라고 한다. 아무리 표본이 모집단을 닮게 만들어졌다 해도 단 하나의 표본으로 모집단의 정확한 정보를 얻을 수는 없다. 즉 무작위로 추출될 수 있는 표본의 수는 매우 많은데, 우리는 그중 단 하나의 표본만 사용하기 때문에 참값을 정확하게 알 수 없는 것은 당연하다. 그렇다면 어떻게 표본의 정보로부터 모집단의 참값을 추정할 수 있을까? 모집단으로부터 추출된 표본으로부터 얻은 정보(통계. 예컨대 표본평균, 표본의 표준편차, 표본의 비율 등)는 표본이 달라질 때마다 그 값이 변하게 되는데, 이때 일정한 패턴으로 그 값들이 변한다는 사실이 이미 수학적으로 증명되어 있다. 무작위 추출을 하였다고 결과가 예측 불가능하다는 생각은 틀렸다. 무작위 현상은 장기적으로 어떤 패턴을 갖는다. 그래서 지구상의 모든 생물들이 지금의 모습으로 진화되어 온 것이다. 그리고 기후 예측도 가능하고, 동전 던지기의 앞면이 나타날 확률도 알고 있는 것이다.

모집단이 어떤 특성을 갖든 간에 무작위 표본의 크기가 크다면 표본평균은 근사적으로 정규분포를 따른다는 '중심극한정리(CLT)'를 이용하여 표본의 작은 정보로 모집단의 참값을 추정할 수 있다. 단지 표본으로부터 '표본평균'만 제대로 구한 후에 표본평균이 근사적으로 정규분포를 한다는 CLT를 사용하여 구체적인 정보를 획득하고 모집단의 참값인 모수(모평균)를 추정하면 된다. 추정할 때, 표본평균의 평균을 일단 모집단의 평균으로 정하고, 표본평균의 표준편차는 '(모집단의 표준편차)/ $\sqrt{n}$ '로 정한다. 즉 표본평균의 산포인 표준편차가 작아진다는 의미이고, 각각의 자료가 주는 정보보다는 표본평균이 주는 정보가 더 정확하다는 뜻이다. 요약하자면 CLT의 의미는 표본평균만 알면 모집단에 대한 정보를 근사적으로 정규분포를 이용하여 구할 수 있다는 사실이다. 단 표본이 커야 하는데, 대략 '20개(혹은 25) 이상'이면 크다고 인정한다.(수학적인 표현은 n→∞이다.)

표본이 대표본이면(20개 이상이면) 모평균은 정규분포를 이용하여 비교하고 선택할 수 있다. 그런데 만일 표본이 작다면 어떻게 비교할까? 표본이 작다면(정보가 부족하다면), 정규분포보다는 덜 정확한 분포를 이용하여야만 하는데 이 분포를 't-분포'라고 한다.(정규분포는 Excel에서 'z-분포'라고 표현한다.) t-분포는 정규분포와 같은 점이 많다. 평균을 중심으로 대칭이고, 봉우리가 평균을 중심으로 하나로 형성되고, 꼬리부분으로 갈수록 빈도수가 작아진다는 공통점이 있다. 그러나 봉우리는 조금 낮고(첨도가 정규분포보다 작고, 밀집도가 떨어진다는 의미), 꼬리부분이 정규분포보다 조금 두텁다. 그래서 이상값의 발견 가능성이 정규분포보다는 높다. 즉 양쪽 꼬리부분에서 발생하는 평균보다 많이 작거나 큰 값의 발생 가능성도 정규분포보다는 더 크다. 모두 표본의 수가 충분하지 않아 얻는 정보의 정확성이 조금 떨어지기 때문에 발생하는 어쩔 수 없는 손실이다. 이런 손실을 방지하기 위해 가능하다면 표본의 수를 크게 하여야 하지만, 표본조사가 그리 쉽지 않기 때문에 표본의 수가 작아지는 경우가 종종 발생한다. 예컨대 표본 추출에 비용과 시간이 많이 걸리거나 다른 이유로 많은 표본을 추출하기가 어려운 경우가 많이 발생한다.

앞에서 언급한 t-분포는 정규분포로부터 얻은 표본에서 발생하는 표본분포라고 하는데, t-분포 이외에도 F-분포와 χ^2-분포가 있다. 앞으로 필요할 때마다 간단하게 설명하며 사용하도록 하겠다.

2. 모평균의 구간 추정법

표본평균으로 모집단의 참값인 모평균을 추정하는 일은 흔하게 발생하는 문제이다. 일반적으로 표본으로부터 참값을 추정하는 방법으로는 '점 추정(點推定. point estimation)'법과 '구간 추정(區間推定. interval estimation)'법이 있다. 점 추정법은 단 하나의 값으로 추정하는 방법인데, 그리 유용하지 못하다. 대부분 추정이라고 할 때는 구간 추정법을 의미하는데, 실제 사람들이 사용하는 추정 방법이기도 하다. 예컨대 우리는 늦게 오는 친구의 뒷담화를 하면서 그 친구가 '평균 20분 정도' 늦는다는 사실을 도마 위에 올려놓곤 한다. 혹은 '대략 10~20분 정도' 늦는다고 말한다. 이것이 구간 추정법이다. 점 추정법으로 한다면 그 친구는 '평균 13분 50초' 늦는다고 단 하나의 값으로 정확하게 말해야 하는데 이렇게 말하는 사람은 없다. 일반적으로 적절한 구간으로 추정하게 된다. 물론 자료가 많고 정확한 통계를 구해서 '구간의 길이'를 좁힐 수는 있지만 점 추정법이 더 정확하다고 말하지는 않는다.

(1) 표본 자료가 주어진 경우

구간 추정은 표본의 평균을 중심으로 같은 양의 '허용오차'를 더하거나 빼주는 방법으로 구한다. 즉 참값인 모평균은 (표본평균-허용오차 ~ 표본평균+허용오차) 사이에 존재할 것으로 추정한다. 물론 100% 확신을 가진 추정법은 아니다. 모든 추정에는 오류가 발생하는데, 여기서도 5%의 오류를 인정한 구간을 만든다. 이렇게 생성된 구간을 '95% 신뢰구간(信賴區間. confidence interval)'이라고 말한다. Excel의 [기술통계법]에서 [출력옵션] 중 하나인 [평균에 대한 신뢰수준 95%]를 선택해서 나타난 값이 '허용오차'에 해당한다.

실습 1 다음은 어느 고등학교 학생 중 10명의 학생들을 무작위 추출하여 발의 크기(단위 mm)를 측정한 자료이다. {260 265 255 270 275 260 265 270 275 275}전체 학생의 평균 발의 크기를 95% 신뢰수준에서 추정하기 위해서는 $(\overline{X}-t_{\alpha/2}\frac{S}{\sqrt{n}},\ \overline{X}+t_{\alpha/2}\frac{S}{\sqrt{n}})$의 공식에 의해서 구한다. 복잡하다. 그런데 이 값은 [기술통계법]에서 [출력옵션] 중 [평균에 대한 신뢰수준 95%]를 선택하여 쉽게 구할 수 있다. 즉 [기술통계법]으로 평균은 267(mm)이고, [신뢰수준 95%]는 5.114232가 된다. 따라서 95% 신뢰구간은 (267−5.114232, 267+5.114232)=(261.8858, 272.1142)이 된다.

(2) 표본 자료가 없는 경우

만일 원자료가 주어지지 않은 경우에는 공식에서 주어진 각각의 값들이 주어져야만 한다. 즉 표본평균($\overline{X}$=267)과 표본의 표준편차(S=7.149) 그리고 표본의 크기(n=10)와 임계값(기각치)인 $t_{\alpha/2}$를 알면 된다. 평균과 표준편차 그리고 표본크기야 Excel로 쉽게 알 수 있다. 그러나 $t_{\alpha/2}$를 알려면 t-분포로부터 주어진 확률(α=0.05)에서의 기각치를 구하면 되는데, Excel의 함수식 [T.INV.2T]을 이용하면 된다. 위의 <실습 1> 문제에서는 함수식 '=T.INV.2T(0.05, 9)'를 사용하면 '2.262'이 되고, '허용오차'는 '5.114232'이며 95% 신뢰구간의 하한은 261.8858이고 상한은 272.1142로 위의 결과와 동일하다. '9'는 자유도라고 하는데 'n−1=10−1'이다.

자료가 많은 경우(일반적으로 20 이상으로 '대표본'이라 한다)에는 t-분포가 아니라 정규분포를 이용하여 주어진 확률(0.05)에 따라 기각치를 구하여 사용한다. 이때는 Excel 함수식 중 [NORM.INV]를 사용하여 구하면 된다. 구체적으로는 95% 신뢰구간의 하한인 $\overline{X}-z_{\alpha/2}\frac{S}{\sqrt{n}}$ 에서 $z_{\alpha/2}$=NORM.INV(0.025,0,1)=−1.95996을 사용하고, 상한인 $\overline{X}+z_{1-\alpha/2}\frac{S}{\sqrt{n}}$ 에서 $z_{1-\alpha/2}$=NORM.INV(0.975,0,1)=1.95996

을 사용하면 된다. 여기서 평균=0, 표준편차=1을 대입한다.

$t_{\alpha/2}$는 t-분포에서 이 값을 벗어나는 자료들이 모두 확률 $\alpha/2$만큼이 되는 경계값을 의미한다. 즉 이 값보다 크면 기각한다는 뜻이라 '기각치'라고 부른다. 같은 의미로 $z_{\alpha/2}$와 $z_{1-\alpha/2}$는 (표준)정규분포에서의 기각치이다.

(3) 95% 신뢰구간의 의미

95% 신뢰구간을 구할 때 발생하는 의문점은 대략 세 가지가 있다. 하나는 '정확하게 하나로 추정하는 것이 낫지 않을까?' 두 번째는 '100% 신뢰할 수 있는 구간이 더 낫지 않을까?' 마지막은 '95%만 신뢰할 수 있다면 5%는 오류가 발생한다는 의미인데 사용해도 될까?'이다.

첫 번째 의문에 대해서는 앞에서 이미 언급했다.

두 번째 의문인 100% 신뢰할 수 있는 구간을 만들어 제안하는 것이 좋을 듯싶은데, 꼭 그렇지만은 않다. 예컨대 A대학교 학생들의 평균 키의 100% 신뢰구간으로 '1m~2m'를 제안한다면, 분명 100% 신뢰할 수 있는 구간임에 틀림없을 것이다. 그러나 통계를 모르는 사람조차 실소를 머금게 하는 황당한 추정일 뿐이다. 의미가 없다. 지금 내가 가지고 있는 작은 표본으로부터 구한 약간의 정보를 최대한 활용하여 '가장 짧은' 구간을 추정하는 방법이 앞에서 제안한 95% 신뢰구간이다. 그리고 어차피 오류가 발생하기 마련인데, 그 오류를 최대 5%로 관리해 주면서 구간으로 추정을 하기 때문에 큰 의미가 있다. 사실 99%나 90% 신뢰구간도 사용이 되고 있다. 99%나 90% 신뢰구간에서는 $t_{\alpha/2}$나 $z_{\alpha/2}$의 값이 달라진다. 99%에서는 더 큰 값이 되고, 90%에서는 더 작은 값이 된다. 그러나 전 세계적으로 그리고 과학이나 사회학 혹은 그 이외의 다른 학문분야에서도 거의 대부분 95%를 사용하고 있다. 그래서 Excel에서 '입력 옵션'에서 [유의수준]은 미리 '0.05'로 지정되어 있다.

마지막으로 유의수준 5%의 오류는 귀무가설이 '참'인데도 기각하게 되는 오류의 최댓값이다. 표본조사이기 때문에 발생하는 어쩔 수 없는 오류다. 통계적 가설검정법에서는 이 오류(제1종 오류)를 고정시켜 놓고, 또 다른 오류(대립가설이 '참'인데 기각하는 오류로 제2종 오류)를 최소로 만드는 전략을 사용한다. 어차피 두 종류의 오류를 '0'으로 만들 수 없기에 이런 방법을 사용하는 것이다. 95% 신뢰할 수 있는 구간의 정확한 의미는 100번 표본조사를 반복했을 때, 최대로 5번의 표본조사 결과는 틀릴 수 있다는 의미이다. 그러나 누가 100번 아니 두 번이라도 표본조사를 반복하겠는가? 우리는 단 하나의 표본을 추출하여 단 한 번만 조사하는 것으로 비교에 사용되는 통계량을 구하고 판정을 한다. 이 정도면 충분히 간편하고 의미 있지 않은가? 최근 우리나라를 당혹하게 만들었던 '메르스'는 많은 공포와 더불어 정부에 대한 실망감 그리고 많은 논란을 만들었다. 그중에서 보건당국에 전염병의 확산 여부를 판정할 때 사용했던 '최대잠복기 14일'에 대한 논란도 빠지지 않았다. 언론과 많은 사람들은 14일이 지나서 발병한 사람들도 있다고 지적하면서 최대잠복기를 늘려야 한다고 주장하고 당국은 그럴 필요 없다고 설명하였다. 당국은 유명 의학전문지에 발표된 95% 신뢰구간인 '1.9일~14.7일'을 따르고 있다고 설명하였다. 즉 300명의 표본으로부터 얻은 결과로 5%의 오류는 발생할 수 있다는 설명이다. 맞다. 비판자들의 구미에 맞도록 100% 정확한 구간으로 만들려면 아마도 더 많은 표본에서 최댓값을 사용하는 것이 좋을 것이다. 300명 중 극소수에게서 나타나는 이례적인 결과로 추정하려면 통계 이론이 필요 없다. 그저 최댓값과 최솟값만 알면 충분하다. 추정이나 추론의 의미가 사라지는 것이다.

3. 두 모집단의 평균 비교

매장에서 손님들의 성별에 따라 만족도의 차이가 있는지를 확인하고 싶을 때가 있다. 이런 문제를 해결하기 위해서는 일단 매장에서 남녀의 표본을 추출하여 비교하면 된다. 또한 공장에서 오전에 출하된 제품의 품질과 오후에 출하된 제품의 품질에 차이가 있는지를 점검하고 싶을 때도 오전과 오후에 만들어진 제품 중 일부를 추출하여 품질을 비교하면 된다. 최근 회사 개발팀에서 개발한 신제품이 기존의 제품보다 얼마나 품질이 우수해졌는지를 확인하고자 할 때도 있다. 이렇듯 두 집단의 평균을 비교하고자 할 때, 모집단 전체 자료로 비교할 수 없고 표본의 평균을 이용하여야만 하는 경우가 종종 발생한다.

(1) 모평균과 표본평균

두 집단의 모평균을 비교하고 싶다. 만일 참값을 알 수만 있다면 간단하게 각각의 평균을 구해서 그 차이를 확인하면 그만이다. 단 '0.01'의 차이만으로도 크거나 작다는 판정을 내릴 수 있다. 그러나 모평균을 모르고 표본평균만을 알고 있다면 표본평균들 간의 차이를 구해서 쉽게 대소판결을 할 수 없다. 그 이유는 표본평균이 참값이 아니기 때문이다. 지금 이 표본에서의 평균은 170일 수 있지만, 다른 표본에서 평균을 구해보면 173일 수도 있고, 167일 수도 있다. 따라서 참값인 모평균의 95% 신뢰구간을 구할 때와 마찬가지로 '허용오차'를 항상 고려해야 한다. 예컨대 두 대학교 학생들의 신장(cm) 자료로부터 모평균을 비교하려고 표본을 구하였을 경우 각각의 표본평균이 A대학교는 170cm이고 B대학교가 169cm였다고 '1cm 차이로 A대학교가 크다'는 판정을 내릴 수는 없다. 그 이유는 170cm와 169cm가 참값이 아니기 때문이다. 각각의 표본평균으로부터 참값인 모평균을 추정하려며 허용오차를 고려해야 한다. 이 때 두 구간이 서로 겹칠 수도 있고, 그렇게 되면 어느 대학교의 학생들이 크다는 결론을 내리지 못한다. 겹치는 구간이 없을 정도로 신뢰구간이 완벽하게 분리된다면 비로소 어느 한 대학교의 학생들의 평균 키가 크다고 결론내릴 수 있다.

이렇듯 완벽하게 분리되려면 한 대학교의 표본평균이 다른 대학교의 표본평균보다 월등히 큰 값이어야 하는데, 사실 이런 일이 벌어지기는 현실적으로 매우 어렵다. 이렇듯 지극히 이례적인 결과가 나타나야만 크거나 작다는 판정을 하게 되는데, 어느 정도로 차이가 발생해야 하는지를 모든 자료의 단위와 무관하게 자료의 위치로 파악할 수 있는 비율 즉 확률로 정한다. 즉 5% 확률보다 작은 확률로 발생 할 가능성이 있는 극히 드문 차이가 발생해야만 비로소 크거나 작다고 판정한다. 그렇지 않으면 두 대학의 신장 차이는 없다고 판정하게 된다.

(2) 두 모집단의 평균 비교

Excel에서 두 모집단의 평균을 비교(검정)할 때는 다음과 같은 절차를 사용한다.

1st. 가설을 설정한다.

가설에는 두 가지가 있는데, 기존에 통용되던 주장과 새로운 주장이 차이가 없다는 '귀무가설(歸無假說. null hypothesis. H_0)'과 차이가 있다고 주장하는 '대립가설(對立假說. alternative hypothesis. H_1)'이 있다. 두 개의 가설 중에서 통계적 가설검정은 일단 '귀무가설이 참'이라는 가정 하에서 표본을 분석한다. 즉 놀랄 만큼 뚜렷한 증거가 표본으로부터 나타나지 않으면 그대로 귀무가설(예전의 주장)을 인정하려는 극히 보수적인 검정절차를 사용한다. 대립가설은 두 종류가 있는데 하나는 '단측(單側)'검정이고 다른 하나는 '양측(兩側)'검정이다. 단측검정은 크거나 작거나 어느 한 방향을 검정하고자 할 때 사용되고, 양측검정은 양방향 모두를 포함하는 검정 방법이다. 예컨대 A대학교 학생의 평균 키와 B대학교 학생의 평균 키를 비교하고자 할 때, 귀무가설은 '두 대학교의 평균 키가 같다'이고, 대립가설은 'A대학교가 크다' 혹은 'B대학교가 크다' 혹은 '두 대학의 학생 평균 키는 다르다' 등 세 가지로 설정할 수 있다. 이때 앞의 둘을 대립가설로 설정하여 검정하는 방법을 '단측 검정'이라 하고 마지막 가설을 대립가설로 설정한 검정을 '양측 검정'이라고 한다.

2nd. Excel로 표본자료를 분석한다.

[데이터]탭 > [분석]그룹 > [데이터 분석] > [통계 데이터 분석]창에서 [t-검정 : 쌍체비교] 혹은 [t-검정 : 등분산 가정 두 집단] 혹은 [t-검정 : 이분산 가정 두 집단] 혹은 [z-검정 : 평균에 대한 두 집단] 중 하나를 선택하여 p-값(P(Z<=z) 혹은 P(T<=t))이나 t-기각치(혹은 z-기각치)를 구한다. Excel의 결과물에 p-값과 기각치는 단측인 경우와 양측인 경우 모두를 포함하고 있다. 질문에 맞는 결과만을 올바르게 선택하여야 한다. 잘못 선택할 경우 판정결과가 정반대로 나타날 수도 있으니 주의해야 한다.

3rd. 판정한다.

판정 방법에는 두 가지가 있는데, p-값을 이용하여 판정하는 방법이 가장 많이 사용된다. p-값은 '귀무가설이 참'이라는 가정 속에서 표본의 평균이 나타날 확률을 의미한다. 'p-값이 매우 작다면' 귀무가설이 참이라는 가정을 뒤엎을만한 놀랄만한 증거가 나타난 것으로 판정할 수 있다. 그래서 귀무가설을 '기각(棄却. reject)' 하고, 새로운 가설인 대립가설을 '채택(採擇. accept)'한다. 반대로 'p-값이 크다면' 귀무가설을 채택하고 대립가설을 기각한다. 그렇다면 최종 판정을 위해 p-값은 어느 정도나 크거나 작아야 할까? 기준이 필요하다. 일반적으로 평균 주변에 자료가 95%가 몰려 있는 구간(앞에서 구한 95% 신뢰구간)에서 발생한 표본평균은 크거나 작다고 판정하지 않고 모두 평균과 같다고 판정한다. 따라서 이 구간을 벗어나서 표본평균이 나타나야만 크거나 작다고 판정을 한다. 즉 평균 주변의 95% 구간이외의 단 5% 구간에서 표본평균이 나타나야만 귀무가설이 틀렸다고 판정한다. 여기서 5%를 '유의수준(有意水準. significant level)'이라고 부른다. 결론적으로 'p-값<0.05 =유의수준'이면 귀무가설을 기각하고, 그렇지 않으면 귀무가설을 채택한다.

유의수준과 p-값으로 판정하는 방법에 대해 좀 더 설명해 보자. 우리 속담에 '믿는 도끼에 발등 찍힌다'는 말이 있다. 발등에 도끼가 떨어져야 비로소 '아! 믿지 못할 놈이구나!'라고 판정한다는 뜻이다. 발등에 도끼가 떨어지는 일은 극히 드문 일이다. 그러나 발등에 돌이나 기타 조금 무거운 쇠붙이(예컨대 망치 정도)가 떨어지는 일은 그리 드물지 않다. 즉 돌이나 망치 정도가 떨어져 발등을 찍어도 그 사람을 믿는 마음은 여전하다는 의미다. 즉 귀무가설(나는 그 사람을 믿는다)을 채택한다는 뜻이다. 그러나 발등에 도끼가 떨어지면 그때서야 귀무가설을 버리고 대립가설(그 사람은 믿을 사람이 못 된다)을 채택하게 된다. 도끼나 큰 바위가 내 발등을 찍을 확률은 0.05보다 작기 때문이다.

① 대표본인 경우 - [z-검정 : 평균에 대한 두 집단]

일반적으로 표본 크기가 20 이상(혹은 25 이상)이면 대표본으로 인정하는데, 이 경우에는 [z-검정 : 평균에 대한 두 집단]을 사용하여 비교한다. 그 이유는 대표본에서 표본평균은 CLT에 의해 정규분포를 하기 때문이다. **[데이터 분석] > [z-검정 : 평균에 대한 두 집단]**을 선택한 후, 나타나는 창의 [입력]부분에서 '변수1의 입력범위'와 '변수2의 입력 범위'에 표본자료를 마우스로 입력하고, '가설 평균 차'를 입력한다. 여기서 '가설 평균 차'는 귀무가설의 내용을 입력하면 되는데, 예컨대 두 집단의 '모평균 차이가 없다'면 '가설 평균 차'에 '0'

을 입력하고, 만일 '모평균 차이가 5'라면 '가설 평균 차'에 '5'를 입력한다. 다음은 '변수1의 분산-기지값'과 '변수2의 분산-기지값'에는 두 변수의 자료로부터 구한 분산([VAR] 혹은 [기술통계법])을 입력한다. 다음으로 변수 이름까지 입력 범위에 들어가 있으면 '이름표'를 선택하면 되고, '유의수준'은 특별하게 지정되지 않았다면 이미 지정된 '0.05'를 그대로 사용한다. 그리고 [출력옵션]을 지정하면 결과가 나타난다.

실습 2 다음은 두 집단으로부터 무작위로 추출된 성적자료이다. 두 집단의 평균이 같은지를 유의수준 5%에서 검정하고자 한다.

집단1	16 15 10 5 16 7 12 35 9 10 18 35 8 7 23 8 9 9 30 7 35 20 27 10 3 12 8 10 10 28 8 7 15 28 24 10
집단2	5 23 3 20 10 18 7 28 6 8 23 18 2 18 17 8 5 13 20 7 13 4 11 35 3 11 5 13 15 20 23 6

1st. 먼저 가설을 설정한다.

귀무가설 : 집단1의 평균 = 집단2의 평균, 즉 두 집단의 평균은 같다

대립가설 : 집단1의 평균 ≠ 집단2의 평균, 즉 두 집단의 평균은 다르다

2nd. Excel을 이용하여 결과물을 출력한다.

	집단1	집단2
평균	15.111	13.063
분산	87.416	67.157
신뢰수준(95%)	3.164	2.955

대표본이므로 z-검정법을 사용하면 되고, [기술통계법]으로 필요한 통계를 구해 보면, 위의 표와 같다. 표본평균의 차이는 약 2.049점으로 집단1이 크지만, 표본평균이기에 쉽게 집단1이 크다고 판정하면 안 된다. 95% 신뢰구간은 집단1은 (15.111±3.164)이고 집단2는 (13.063±2.955)이기 때문에 겹치는 부분이 존재하기 때문이다. 아마도 두 집단의 평균 차이는 없다고 나타날 것으로 예상된다.

3rd. 자세히 p-값을 구해 판정해 보자 [데이터 분석] > [z-검정 : 평균에 대한 두 집단]에서 변수1과 변수2의 자료를 입력하고, '가설 평균 차=0', '분산-기지값'을 각각 입력한 출력 결과는 아래와 같다.

	집단1	집단2
평균	15.11111	13.0625
기지의 분산	87.41587	67.15726
관측수	36	32
가설 평균차	0	
z 통계량	0.962853	
P(Z<=z) 단측 검정	0.167811	
z 기각치 단측 검정	1.644854	
P(Z<=z) 양측 검정	0.335621	
z 기각치 양측 검정	1.959964	

출력결과물을 해석해 보자.

▎z 통계량

두 집단의 평균을 비교하기 위한 검정통계량으로 표본의 자료를 이용하여 구한 값이다. 이 값은 두 집단의 표본평균의 차이를 기본으로 표준화 변환된 통계량이다.

▎P(Z<=z) 단측 검정

단측 검정에서의 p-값이다. 이 값이 0.167811로 유의수준인 0.05보다 크기 때문에 단측 검정에서 귀무가설을 기각할 수 없다. 즉 '두 집단의 모평균은 같다'고 판정한다.

▌z 기각치 단측 검정

p-값과 유의수준을 비교하는 판정방법이 주로 사용되지만 또 다른 판정방법도 있다. Excel의 출력 결과에서는 [z 기각치] 혹은 [t 기각치]를 사용하는 방법인데, 이 값과 [z 통계량] 혹은 [t 통계량]을 비교하는 방법이다. [z 기각치] 혹은 [t 기각치]는 유의수준이 5%가 되는 통계량의 값이다. 따라서 이 값과 검정 통계량의 값을 비교함으로써 판정할 수 있다. 즉 통계량의 값이 기각치보다 크면(혹은 작으면) 귀무가설을 기각하면 된다. [z 기각치 단측 검정]은 단측 검정에서의 기각치로 이 값보다 'z 통계량이 작다'는 뜻은 표본의 평균 차이가 '95% 신뢰구간 범위 안에 있다'는 뜻이 된다. 즉 'z-통계량 =0.962853 < 1.644854=단측 검정에서의 z-기각치'이기 때문에 귀무가설을 채택한다.

▌P(Z<=z) 양측 검정

양측검정에서의 p-값이다. 이 값이 0.335621로 유의수준인 0.05보다 역시 크기 때문에 양측 검정에서 귀무가설을 기각할 수 없다. 즉 '두 집단의 모평균은 같다'고 판정한다.

▌z 기각치 양측 검정

양측 검정에서의 기각치(임계값)로 이 값보다 'z 통계량이 작다'는 뜻은 표본의 평균 차이가 '95% 신뢰구간 범위 안에 있다'는 뜻이 된다. 즉 'z-통계량 =0.962853 < 1.959964=양측 검정에서의 z-기각치'이기 때문에 귀무가설을 채택한다.

이 문제에서는 대립가설이 '양측'이기 때문에 [P(Z<=z) 양측 검정]과 [z 기각치 양측 검정]으로 판정해야 한다. 결과는 귀무가설을 채택한다. 즉 두 집단

의 모평균 차이는 없다.

② 소표본의 경우 - [t-검정]

표본의 크기가 20 미만(혹은 25 미만)인 경우를 소(小)표본이라고 하는데, 이런 경우에는 세 종류의 [t-검정]을 사용하여 평균을 비교한다. 비교를 하게 되는 두 집단의 값들이 모두 '독립적으로 추출'되었고 두 집단의 '분산이 동일'하다면 [t-검정 : 등분산 가정 두 집단]을 이용하여 검정을 하고, 만일 자료가 각각 '독립적으로 추출'되었고 두 집단의 '분산이 서로 다르다면' [t-검정 : 이분산 가정 두 집단]을 사용한다.

그렇다면 두 집단의 분산이 동일한지는 어떻게 알 수 있을까? 분산의 동일성 여부를 검정하기 위해서는 [F-검정 : 분산에 대한 두 집단]을 사용한다. 즉 소표본일 경우 일단 [t-검정]을 사용하는데, 이때 분산의 동일성 여부를 [F-검정 : 분산에 대한 두 집단]으로 확인한 후, 평균 비교를 하여야 한다. F-분포는 정규분포로부터 추출된 표본들의 분포이며 주로 분산에 대한 정보를 제공해준다. 마지막으로 두 집단의 자료가 '쌍(雙. paired)'으로 이루어졌다면(따라서 자료가 독립적이지 못하다), [t-검정 : 쌍체비교]를 사용하여 검정하면 된다. 즉 자료의 추출 형태와 분산의 동일성여부가 검정 방법을 결정한다.

실습 3 독립표본이고 등분산인 경우 - [t-검정 : 등분산 가정 두 집단]

다음은 두 집단(사무실 근무자와 현장 근무자)의 지난 3개월간의 흡연량을 조사한 결과로 하루 평균 흡연량 자료이다. 평균 차이가 있는지를 유의수준 5%에서 검정하여라.

	1일 평균 흡연량
현장 근무자	18.1 6.0 10.8 11.0 7.7 17.9 8.5 13.0 18.9
사무실 근무자	18.8 23.4 16.3 21.8 16.5 24.1 12.0 18.6 12.3 15.8 15.3 17.4 26.5 11.3 13.9 16.6

1st. 소표본이기 때문에 [t-검정]을 하여야 하는데, 분산이 동일한지를 먼저 결정해야 한다. 즉 [F-검정 : 분산에 대한 두 집단]으로 '등분산'인지를 확인하여야 한다. [F-검정 : 분산에 대한 두 집단]의 귀무가설은 '분산이 동일하다(등분산)'이고, 대립가설은 '변수1의 분산이 작다(이분산)'는 단측 검정이다. 아래쪽 결과표는 분산의 동일성 여부를 결정하는 [F-검정 : 분산에 대한 두 집단]결과이다. p-값은 'P(F<=f) 단측 검정=0.374878'이고, 이 값은 유의수준인 0.05보다 크다. 따라서 귀무가설을 기각할 수 없다. 즉 분산은 동일하다. 여기서 '자유도(自由度. degree of freedom)'는 자유스럽게 결정될 수 있는 자료의 수를 의미하는데, 전체 자료의 개수에서 특정한 관계에 의해 종속적으로 결정되는 자료의 수를 제외한 값이다. 주로 좋은 추정통계량을 만들 때 사용되는 값으로 통계를 전공하지 않은 학생들은 실무에서 크게 신경 쓰지 않아도 좋다.

	현장	사무실
평균	12.43333	17.5375
분산	23.515	20.02783
관측수	9	16
자유도	8	15
F 비	1.174116	
P(F <=f) 단측 검정	0.374878	
F 기각치 : 단측 검정	2.640797	

2nd. 따라서 [t-검정 : 등분산 가정 두 집단]을 사용하여 평균을 비교하여야 한다. 그리고 그 결과는 아래와 같다. 두 집단의 분산이 같기 때문에 두 집단의 자료를 모두 사용하여 구한 '공동(pooled)분산'이 결과표에 나타나 있다. 공동분산은 t-통계량을 구할 때 사용되며 그 값이 발생할 확률이 p-값이다. 양측 검정으로나 단측 검정으로나 모두 p-값이 유의수준인 0.05보다 작다. 따라서 두 집단의 흡연량에는 차이가 존재하며, 사무실 근무자들의 1일 평균 흡연량이 현장 근로자들보다 많다.

	현장	사무실
평균	12.43333333	17.5375
분산	23.515	20.02783333
관측수	9	16
공동(Pooled) 분산	21.24076087	
가설 평균차	0	
자유도	23	
t 통계량	-2.657975992	
P(T<=t) 단측 검정	0.007026928	
t 기각치 단측 검정	1.713871528	
P(T<=t) 양측 검정	0.014053856	
t 기각치 양측 검정	2.06865761	

참고로 z-검정이나 t-검정에서 양측 검정의 p-값이 단측 검정의 p-값의 2배가 되고, 양측 검정에서의 기각치가 단측 검정보다 크다. 그 이유는 양측 검정에서는 대칭인 분포의 양쪽 (즉 작거나 혹은 큰)에 각각 0.05의 1/2인 0.025로 측정하기 때문이다. 그래서 기각치가 단측 검정보다 더 큰 값이 된다. 단측 검정에서는 어느 한쪽에서만 0.05의 확률을 갖는 기각치가 결정되기 때문에 기각치가 양측보다 작은 값이 된다.

[F-검정 : 분산에 대한 두 집단]에서 분산이 동일하지 않다고 판정되면 소표본의 평균을 비교하기 위해서는 [t-검정 : 이분산 가정 두 집단]을 사용하면 된다. 사용법이나 결과의 해석은 [t-검정 : 등분산 가정 두 집단]과 동일하다.

실습 4 쌍체표본인 경우 – [t–검정 : 쌍체비교]

다음 자료는 9명의 다이어트 프로그램 참여 전과 후의 체중이다. 다이어트 프로그램의 효과가 있는지를 유의수준 5%에서 검정하여라.

번호	전	후	번호	전	후	번호	전	후
1	78.2	63.9	4	111.4	85.9	7	100.4	77.7
2	89.5	69.0	5	98.6	75.8	8	105.4	82.3
3	117.3	83.3	6	81.7	62.7	9	104.3	82.9

1st. 가설 설정

귀무가설 : 효과 없음(평균 차이 없음)

대립가설 : 효과 있음(평균 차이 있음. 즉 작아졌음)

2nd. [t–검정 : 쌍체비교] 사용한다.

대립가설이 다이어트 프로그램의 효과가 있다는 주장을 하고 싶은 것이기 때문에 단측 검정이다. 즉 '전'보다 '후'에 체중이 분명 줄었다는 사실을 보여 주고 싶은 것이다. 따라서 아래 출력 결과 중에서 p–값은 6.79E–07=$6.79\times10^{-7}\fallingdotseq 0$이다.(주의!! E–07은 10^{-7}을 의미한다.) 이 값은 유의수준 0.05보다 훨씬 작다. 따라서 귀무가설을 기각하고 대립가설인 '효과 있음'을 채택하게 된다. 즉 9명의 표본으로부터 다이어트 프로그램은 효과가 있다고 인정할 수 있다.

	참여 전	참여 후
평균	98.53333	75.94444
분산	172.505	76.72528
관측수	9	9
피어슨 상관 계수	0.960202	
가설 평균차	0	
자유도	8	
t 통계량	12.73951	
P(T<=t) 단측 검정	6.79E–07	
t 기각치 단측 검정	1.859548	
P(T<=t) 양측 검정	1.36E–06	
t 기각치 양측 검정	2.306004	

다른 검정법과 달리 위의 결과표에는 '피어슨의 상관계수'가 포함되어 있는데, 이 통계는 두 변수의 연관성을 나타낸다. 이 값이 양수(+)이면 두 변수가 서로 같은 방향(하나가 커지면 다른 하나도 커진다)으로 변한다는 의미이고, 음수(-)이면 두 변수가 서로 다른 방향(하나가 커지면 다른 하나는 작아진다)으로 변하는 경향이 있음을 나타낸다. 또한 상관계수가 ±1에 가까워질수록 연관성이 더 커진다는 뜻이고, ±1일 때는 완전한 직선관계를 의미한다. 즉 모든 점이 하나의 직선 위에 있는 경우이다. 그래서 직선으로 두 변수의 관계를 완벽하게 설명할 수 있다는 뜻이 된다. 연관성을 확인하기 위해 가장 빠르고 좋은 방법은 [분산형 차트]를 사용하여 [추세선 추가]로 아래 그림과 같이 '선형식'과 'R-제곱'을 확인하면 된다.

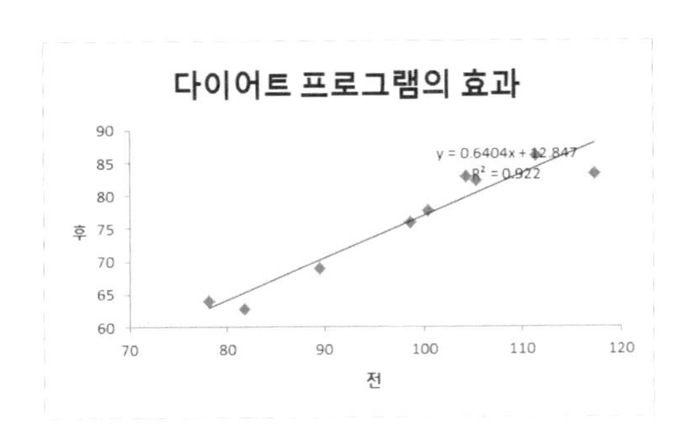

[분산형 차트]로 이미 다이어트 '전'과 '후'의 체중 변화가 깊이 관련이 있고, '양'의 방향으로 움직이고 있음을 알 수 있다. 선형식을 추가해 보면 자료들이 선형식 'y=0.6404x+12.847'에 거의 완벽하게 일치하고 있음도 알 수 있다. 얼마나 일치하는지를 보여 주는 통계인 결정계수가 'R-제곱=$R^2 = 0.922$' 이다. 즉 선형식이 자료의 92.2%를 설명할 수 있다는 말이다. 피어슨의 상관계수는 결정계수의 제곱근이다. 따라서 함수식 '=SQRT(0.922)'로 상관계수를 구하면 '0.960'이 되어 출력 결과와 동일하다.

(3) 요약 : 두 모집단 평균의 비교 방법

두 평균을 비교하는 데는 5가지 비교 방법이 사용되었다. 정리해 보자.

첫째, 표본의 크기는 어느 정도인가?

대표본(대략 표본크기가 20 혹은 25 이상)이면 [z-검정]으로 비교한다.
소표본이면 [t-검정]으로 비교한다.

둘째, 자료가 독립적인가 쌍체인가?

자료가 독립적으로 추출되었다면 [t-검정 : 등분산 가정 두 집단]이나 [t-검정 : 이분산 가정 두 집단]을 사용한다.
자료가 짝을 이루고 있다면 [t-검정 : 쌍체비교]를 사용한다.

셋째, 등분산인가 이분산인가?

분산에 따라 [t-검정] 방법이 결정된다. 따라서 분산을 먼저 비교해 보아야 하는데, 이를 위해서는 [F-검정 : 분산에 대한 두 집단]을 사용한다.

4. 세 개 이상 모집단의 평균 비교

대부분의 비교는 대조군과 처리군의 두 집단에서의 평균을 비교하는 방법으로 의사결정을 할 수 있지만, 종종 세 개 이상의 평균을 비교해야 하는 상황이 발생한다. 예컨대 한 지역의 4개 대학교 학생들의 평균 키를 비교한다든지, 전국의 5개 지역에 위치한 공장에서 생산되는 동일 제품의 품질을 비교한다든지, 3가지 교육방법을 비교하는 등의 상황은 언제든 발생한다. 문제는 이런 상황에서 두 집단의 평균 비교 방법을 반복해서 사용하면 안 된다는 점이다. 즉 3개 대학교의 학생들의 평균 키를 비교하기 위해 2개 대학씩 짝을 지어 3번 비교함으로써 서열을 정하는 방법이면 충분할 듯하지만, 통계적 가설검정에서는 그렇지 않다. 그 이유는 비교 검정을 할 때마다 유의수준을 일반적으로 5%로 고정시키는데, 한 번의 검정절차가 진행될 때마다 5%씩 오류의 확률이 각각 지정되기 때문에 모든 검정이 끝났을 때, 전체 검정에서 유의수준이 5%를 유지하지 못하기 때문이다. 즉 5%×5%×5%≠5%이기 때문에 유의수준을 5%로 고정시키고 검정이 진행되는 통계적 검정절차를 적용할 수 없다. 따라서 전혀 다른 방식의 비교 검정 방법이 필요하다.

(1) 세 개 이상 모집단의 평균 비교 – [분산분석 : 일원배치법]

[z-검정]나 [t-검정]은 직접적으로 표본으로부터 얻은 정보인 평균들의 차이를 근거로 비교한다. 그러나 세 개 이상의 평균을 비교할 때는 다른 방법을 사용한다. 이 검정방법을 '분산분석법(分散分析法. analysis of variance. ANOVA)'이라고 하는데 그 개념을 살펴보자. 예컨대 3개 집단의 표본자료가 주어져 있고, 우리의 관심은 '3개 집단의 모평균에 차이가 있는지'를 검정하려고 한다. 즉 귀무가설은 **'세 집단 간의 모평균 차이 없음'**이고 대립가설은 **'세 집단 간의 모평균 차이 있음'**이다. 그리고 모든 표본 자료를 일반적으로 x_{ij}로 나타내는데, 여기서 i는 '집단'으로 이 예에서는 1과 2 그리고 3이 되고, j는 '각 집단의 표본수'로 일반적으로 n_i 나타낸다. 그리고 전체 자료의 평균은 $\overline{x}$이라 하고, 각 집단의 평균은 각각 $\overline{x_1}$, $\overline{x_2}$ 그리고 $\overline{x_3}$이라고 표현한다. 이렇게 주어진 표본자료로부터 어떤 가설이 맞는지를 판정하는 방법을 생각해 보자.

만약 극단적이긴 하지만 3개 집단의 표본평균이 모두 동일한 값이라면 '집단 간의 모평균들의 차이는 없다'고 판정할 수 있을 것이다. 좀 더 완화된 가정으로 만약 '집단 간'의 평균들이 '거의 차이가 없다'면, 집단 간의 모평균들도 역시 거의 비슷하다고 판정할 수 있을 것이다. 즉 집단의 차이가 없다는 귀무가설이 옳다고 판정할 수 있을 것이다. 반대로 집단 간의 표본평균들 중 어느 한 집단의 표본평균이라도 '이례적으로' 큰 차이를 나타내면 세 집단의 평균이 같다는 귀무가설을 채택하기 어려울 것이다. 정리하자면 '집단들 간의 표본평균들의 변동'으로 가설을 판정하는 방법을 사용한다.(표준편차와 분산이 '자료들의 변동'을 측정한 값이라는 사실을 상기하자!) 이 방법으로 판정을 하는 절차는 다음과 같다. 표본평균들 간의 변동이 '이례적으로' 크다는 의미는 집단들 간의 표본평균들 간의 변동이 크다는 뜻이고, 그래서 모집단에서도 평균들이 다를 것이라는 판정을 하는 것이다. 즉 귀무가설을 기각할 수 있다는 생각이다.

평균을 비교하는데 '분산을 분석'하는 것이 이상할지도 모른다. 그러나 분산이 평균으로부터의 차이가 어느 정도인지를 나타내는 통계이기 때문에 집단들 간의 표본평균의 변동으로 판정하는 것은 그리 어색하지 않다. 좀 복잡한 수식을 사용하여 구체적으로 표현해 보자.(부담 없이 쓱~ 읽고 지나가도 무방하다.) 분산분석법은 전체 표본평균이 각 집단들의 표본 평균들과의 차이를 나타내는 '변동(variation 혹은 variance. 분산이나 표준편차를 구할 때와 마찬가지로 편차의 제곱으로 나타낸다)'이 표본 자료 전체와 전체 평균과의 변동과의 크기를 비교하여 귀무가설의 옳고 그름을 판정하는 방법이다. 여기서 전체 표본평균($\overline{x}$)과 전체 표본자료들(x_{ij}) 간에 발생하는 변동 $\sum_i \sum_j (x_{ij} - \overline{x})^2$을 '총 변동'이라고 하고 TSS(total sum of squares)로 표현한다. 그리고 전체 평균($\overline{x}$)과 각 집단의 평균($\overline{x_i}$)과의 변동 $\sum_i \sum_j (\overline{x_i} - \overline{x})^2$을 '집단 간 변동(혹은 처리 변동)'이라고 하고 SST(sum of squares between treatment)로 나타낸다. 집단 간의 변동이 크면 표본평균들 간의 차이가 크다는 의미이고, 따라서 모평균 차이도 클 것으로 판단한다. 이 변동들 이외에 자료의 변동은 '집단 내'에서도 만들어진다. 이를 '집단 내 변동' 혹은 '오차 변동'이라 하고 수식으로 표현하면 $\sum_i \sum_j (x_{ij} - \overline{x_i})^2$으로 나타내며, 일반적으로 SSE(sum of squares for error 혹은 sum of squares within treatment)라고 적는다. 집단 내 자료들은 모두 무작위로 추출된 자료들이기 때문에 항상 같은 값을 갖지 않고 변동하게 된다. 이 값이 SSE이고, 이 값은 표본추출 시에 발생하는 어쩔 수 없는 변동이라 이 변동의 값이 총변동에서 차지하는 비중이 크면 당연히 집단들 간의 변동이 작아지게 된다. 그리고 '총 변동'과 '집단 간 변동' 그리고 '집단 내 변동' 간에는 다음과 같은 관계식이 성립한다.

$$\sum_i \sum_j (x_{ij} - \overline{x})^2 = \sum_i \sum_j (\overline{x_i} - \overline{x})^2 + \sum_i \sum_j (x_{ij} - \overline{x_i})^2$$

변동이 '이례적으로 크다'는 판단의 기준은 너무 주관적이 될 수 있다. 과연 어느 정도 이상이 이례적으로 큰 것일까? 분산분석에서는 집단 간 변동이 총 변동에서 차지하는 비중이 '어느 정도 이상'이 되면 집단 간의 평균 차이가 존재한다는 대립가설을 채택하고 귀무가설을 기각한다. 같은 말이지만 집단 간의 변동과 집단 내의 변동과의 비가 '어느 정도 이상'이면 역시 대립가설을 기각한다. 그렇다면 어느 정도나 커야 할까? 두 값의 비(=SST/SSE)은 'F-분포'를 한다는 사실이 알려져 있다. 따라서 유의수준 5%에서의 기각치나 p-값 등은 'F-분포'로부터 구할 수 있다. 이 값들은 Excel을 사용하면 쉽게 출력된다. 즉 **[분석 도구] > [분산분석 : 일원 배치법]**으로부터 출력하면 된다. 여기서 '일원 배치법'은 하나의 변수가 무작위로 배치되어 실험한 자료를 의미한다. 즉 단 하나의 변수가 처리 결과에 영향을 주어 결과 값(표본 자료)를 얻었다는 뜻이다.

실습 5 다음은 세 종류의 라인으로부터 얻은 제품의 강도에 대한 표본자료이다. 각 라인에서 생산되는 제품의 품질이 동일하다고 할 수 있는지를 유의수준 5%에서 비교하여라.

수준	라인1	라인2	라인3
반	25	21	22
복	20	20	20
수	25	16	21
	26	15	

제품의 강도에 영향을 미치는 처리변수로 단 하나가 선택되었는데 그것이 '라인'이며, 라인의 종류가 세 종류이로 '수준(水準, level)'이라고 한다. 즉 i=1, 2, 3이다. 또한 3개 수준(라인)으로부터 각각 4개, 4개 그리고 3개의 무작위 표본자료가 추출되었다. 즉 라인1에서 4개($n_1 = 4$)이고, 라인2에서 4개($n_2 = 4$)이며, 라인3에서 3개($n_3 = 3$)이다. 따라서 하나의 처리변수와 3개 수준을 가진 '일원배치법'으로 반복 측정된 자료로 해석할 수 있다. 그래서 Excel의 [분석 도구] > [분산분석 : 일원 배치법]을 사용하여 비교한다. 먼저 가설을 설정하면 다음과 같다.

귀무가설 : 라인1의 모평균 = 라인2의 모평균 = 라인3의 모평균

대립가설 : 모두 같지는 않다.

대립가설의 '모두 같지는 않다'라는 표현은 매우 많은 의미를 갖고 있다. 즉 모두 다른 경우를 포함하여 '하나 이상 같지 않은' 모든 수준 조합이 대립가설이 된다. Excel의 출력 결과는 다음과 같이 '요약표'와 '분산 분석'표로 나타난다.

요약표

인자의 수준	관측수	합	평균	분산
라인1	4	96	24	7.333333
라인2	4	72	18	8.666667
라인3	3	63	21	1

분산 분석

변동의 요인	제곱합	자유도	제곱 평균	F 비	P-값	F 기각치
처리	72	2	36	5.76	0.028212	4.45897
잔차	50	8	6.25			
계	122	10				

'요약표'에는 라인이라는 변수의 3개 수준의 자료에 대한 간단한 기술통계로 각 수준에서의 자료의 개수인 '관측 수'와 '합' 그리고 '평균'과 '분산'으로 구성되어 있다. 각 집단의 평균은 각각 24, 18, 21로 분명 차이가 있지만, 이 값은 표본 평균이기 때문에 직접 크기를 비교하는 것은 옳지 않다. 일단 라인1과 라인2는 약간 차이가 있는 것 같은데 아직은 단정할 수는 없다. 차이가 있는지 없는지를 판정하기 위해서는 '분산분석'이라는 표를 확인해야 한다. 이 표에서 'P-값'을 확인하면 되는데, 이 값이 유의수준 5%보다 작으면 귀무가설을 기각하고, 크거나 같으면 귀무가설을 채택한다. 즉 두 집단의 평균비교에서와 동일한 판정기준을 사용한다. 여기서 P-값은 0.028212로 분명 0.05보다 작기 때문에 귀무가설을 기각한다. 세 종류의 라인 사이에는 평균 차이가 존재한다고 판정하면 된다. F-기각치와 F-통계량(F-비)으로 판정할 수도 있다. '귀무가설이 참'이라는 가정에서 유의수준을 5%로 고정한 상태에서 F-기각치를 F-분포로부터 구하면 4.45897이고, 표본 자료로부터 구한 F-비는 5.76이기 때문에 'F-비 > F-기각치'이므로, '귀무가설이 참'이라는 가정 하에서 매우 드

문 일이 벌어진 것으로 해석하여 귀무가설을 기각한다. '변동의 요인'에는 '처리'와 '잔차' 그리고 '계'라는 세 요인이 표시되는데, 여기서 '처리'요인에는 고려된 변수인 '라인'이며 '집단 간'의 변동에 대한 정보(SST)가 주어지고, '잔차'요인에는 '집단 내' 변동인 '오차변동(SSE)'에 대한 정보가 있으며, '계'요인에는 두 요인의 합계인 '총 변동(TSS)'에 대한 정보가 있다. 그리고 '제곱합'이 SST와 SSE 그리고 TSS이고, 이 값을 '자유도'로 나눈 값이 '제곱 평균'이며, 'F-비'는 '(처리 제곱 평균)/(잔차 제곱평균)'이다.

<실습 5>에서는 세 집단의 평균을 비교했지만, 그 이상의 집단이어도 방법은 동일하다. 즉 5개 공장에서 생산되는 동일 제품의 성능에 차이가 있는지를 검정할 수 있고, 4가지 교육방법의 효과 차이가 있는지를 비교할 때도 사용할 수 있다.

(2) 다중비교법

[분산 분석 : 일원 배치법]으로는 차이가 있는지 없는지에 대한 검정만 할 수 있다. 이 분석 방법으로는 어느 수준 때문에 차이가 발생했는지를 알 수는 없다. 즉 라인1이 터무니없이 커서 귀무가설이 기각된 것인지, 아니면 라인2가 너무 작아 발생한 차이인지를 알 수 없다. 그래서 대립가설에 포함된 수많은 차이들 중 무엇이 옳은지는 알 수 없는데, 차이가 있다면 어디서 차이가 발생한 것인지도 알고 싶다면 어떻게 해야 할까? 이를 위해서는 통계적 분석 방법 중의 하나인 '다중 비교법(多重比較法, multiple comparison)'을 사용해야 하는데, Excel에서는 이 방법이 지원되지 않는다. 더 방대한 분석방법을 제공하는 SPSS나 SAS 혹은 MINITAB 등을 사용할 수 있다면 다중비교로부터 쉽게 어느 집단이 차이를 발생시켰는지를 알 수 있다.

Excel로부터는 단지 대략적인 추정밖에 할 수 없는데, <실습 5>의 예제에서는 대충 라인1과 라인2 때문에 차이가 발생한 것으로 해석해도 무리가 없을 듯하다. 그리고 라인1과 라인3은 거의 동일하고, 라인2와 라인3 역시 거의 동일하다고 보는 것이 타당할 듯싶다. 정리하자면, '라인1의 모평균>라인2의 모평균'이며 '라인1의 모평균=라인3의 모평균'이고 '라인2의 모평균=라인3의 모평균'으로 판정하면 무리가 없다.

또한 각 수준에서의 평균과 자료값들을 동시에 [분산형] 차트에서 그려보면 어느 수준에서 평균이 차이가 크거나 작게 나는지 그리고 자료값들의 변동이 얼마나 크거나 작은지를 쉽게 볼 수 있다. <실습 5>의 자료로 '평균-자료 분산형' 차트를 그린 결과가 다음과 같다.

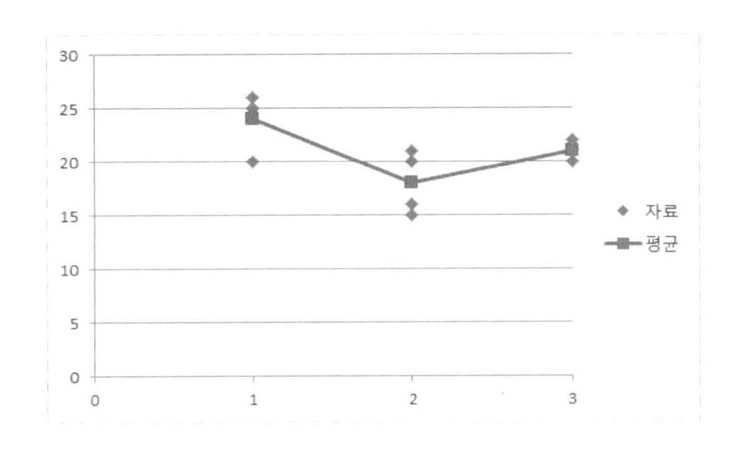

표본 평균은 라인1>라인3>라인2이다. 그리고 라인2(수준2)에서 자료의 변동이 상대적으로 큰 것으로 보인다. 그에 비해서 라인3에서의 표본 자료들의 변동은 매우 작다. [분산 분석 : 일원 배치법]의 결과로부터 분명 각 수준에서 참값인 모평균의 차이가 존재하는 것으로 판정되었으니, 아마도 라인1과 라인3의 차이 때문인 것으로 읽어도 큰 무리는 없다. 물론 다른 것들은 상대적으로 차이가 작기 때문에 동일한 것으로 보아도 무방하다.

3개 이상 집단의 평균 비교로 어느 집단의 평균이 가장 큰지(혹은 작은지)를 알 수 있다. 즉 한 변수(라인) 중에 라인2가 가장 최솟값이고 라인1이 가장 최댓값이라는 의미는 둘 중 하나가 우리가 원하는 '최적조건(最適條件, optimal condition)'이라는 뜻이다. 분산분석을 이용해서 변수들의 수준들 간에 최적인 수준을 찾을 수 있다. 따라서 제조업 등에서 제품이 품질을 최상으로 업그레이드시키기 위해서 통계적으로 잘 관리된 실험을 계획하여 표본자료를 수집하고 이를 분산분석으로 분석하여 가장 최적인 제품 생산 조건을 찾을 수 있다. 분산분석의 또 다른 좋은 기능이다. 분산분석은 또 다른 중요한 기능이 있는데, 여러 변수들 중에서 반응변수(혹은 종속변수)에 가장 영향을 많이 미치는 중요한 변수들을 찾아내는 기능을 가지고 있다. 예컨대 만일 <실습 5>의 결과가 '귀무가설 채택'으로 나타났다면 모든 수준의 라인에서 제품의 품질이 동일하다는 뜻이고, 결국 라인들 간의 차이가 없다는 의미가 되는데, 이는 라인이라는 변수는 제품 품질에 어떤 영향도 주지 않는 별 볼일 없는 변수라는 의미이다. 즉 중요 변수가 아니라는 말이다. 여기서는 라인들의 수준 간에 차이가 있기 때문에 앞으로도 라인의 차이를 중요변수로 고려하여 제품 품질을 관리해야 한다.

5. 하나의 모집단에서의 평균 비교

공장에서 생산되고 있는 제품의 성능이 목표치와 같은지를 검정하기 위해서는 지금 생산된 제품의 일부를 무작위로 표본 추출하여 목표치와 비교해 보면 알 수 있다. 10년 전 특정 집단의 키의 모평균이 168cm였는데, 지금은 어떨까? 이렇듯 하나의 모집단으로부터 추출한 표본으로부터 얻은 정보(표본평균 등)와 특정한 값을 비교하여 큰지, 작은지(단측 검정) 혹은 다른지(양측 검정)를 검정하는 경우가 종종 발생한다. 이런 경우는 [분석 도구]로 쉽게 구할 수는 없고 다른 방법을 사용해야 한다. 일단 무작위로 추출된 표본의 크기가 크다면(대표본), 함수식 [Z.TEST]를 사용하여 비교할 수 있다. 그러나 표본 자료 없이 그저 표본에 대한 정보(평균과 표준편차 등)만 주어진 경우에도 비교가 가능한데 이 경우에는 정규분포를 이용하여 p-값이나 기각치를 구하고, 검정 통계량을 직접 구해야 한다. 즉 공식을 알고 있어야 한다. 물론 표본의 크기가 작을 때(소표본)는 t-분포를 이용하여 역시 p-값과 기각치 등을 구하여 판정하면 된다.

(1) 대표본인 경우 - [Z.TEST]

함수식 [Z.TEST]에 표본자료(array)와 비교하려고 하는 모평균의 값(x)과 모표준편차(sigma)를 입력하면 검정에 필요한 p-값이 나타난다. 만일 '모표준편차를 모를 경우'에는 표본으로부터 구한 표본의 표준편차를 사용하면 된다. 그리고 이 p-값과 유의수준 0.05를 비교하여 판정하면 된다. 이때 p-값은 단측 검정에서의 p-값이다. 따라서 귀무가설은 '모평균=x'이고 대립가설은 '모평균>x'이거나 '모평균<x'가 된다. 만일 양측검정을 하려면 [Z.TEST]로 구한 p-값에 '2'를 곱한 p-값을 사용하여 유의수준 0.05와 비교하여 판정하면 된다.

실습 6 다음 자료는 A병원에서 환자들을 무작위로 추출하여 진료 대기시간(분)을 측정한 자료이다. 대기시간의 모평균에 대한 95% 신뢰구간을 구하고, 유의수준 5%에서 대기시간의 모평균(참값)이 '18분'인지를 검정하여라.

20, 15, 16, 28, 10, 21, 22, 23, 26, 18, 16, 19, 30, 25, 24, 15, 16, 20, 28, 23, 24, 21, 20, 16, 14, 19, 11, 31, 27, 20

먼저 유의수준 5%에서 대기시간의 모평균이 18분인지를 검정해 보자.

1st. [기술통계법]을 이용하여 기초적인 통계 정보를 얻는다.
이 정보로부터 표본평균은 '20.6분'이고, 표준편차는 '5.385805분'이라는 사실을 확인하였다.

2nd. 함수식 [Z.TEST]를 이용하여 30개 표본으로부터 구한 통계량의 p-값을 구한다.
[Z.TEST]를 이용할 때의 장점은 굳이 검정을 위한 통계량의 공식을 알 필요가 없다는 점이다. 함수식 [Z.TEST(array, x, sigma)]에서 'array'는 30개의 표본자료를 입력시키면 되고, 'x'에는 비교하고자 하는 모평균인 '18'을 입력시키고, 'sigma'에는 [기술통계법]으로 구한 '표준편차'을 입력시키면 p-값이 구해진다. 여기서 p-값은 '0.00409502'이다.

3rd. 판정을 위해서 p-값과 유의수준 5%를 비교한다.
이 표본으로부터 p-값이 0.05보다 작기 때문에 귀무가설(모평균이 18분이다)을 기각하고, 대립가설(18분보다 크다는 단측 검정)을 채택할 수 있다.

다음으로 대기시간의 95% 신뢰구간을 구해보자. 95% 신뢰구간을 구하는 방법은 두 가지가 많이 사용된다. 하나는 [기술통계법]의 [출력옵션] 중에서 '평균에 대한 신뢰수준'을 선택하여 나타난 결과를 이용하는 방법과 함수식 [CONFIDENCE]를 사용하는 방법이다. 결과는 동일하다.

[기술통계법]의 '평균에 대한 신뢰수준'으로 선택하여 나타난 결과인 '신뢰수준(95.0%)=2.011093'은 신뢰수준이 아니라 표본평균(=20.6분)으로부터 상한과 하한을 구할 때 사용되는 허용오차이다. 따라서 95% 신뢰구간의 하한은 '표본평균−2.011093=20.6−2.011093=18.58890733(분)'이고, 95% 신뢰구간의 상한은 '표본평균+2.011093=20.6+2.011093=22.61109(분)'이 된다. 95% 신뢰구간으로 모평균이 18분인가에 대한 검정을 할 수도 있다. 하한과 상한에 18분이 포함되

어 있다면 귀무가설이 옳다고 판정하면 되고, 만일 18분이 하한과 상한에 포함되어 있지 않다면 귀무가설을 기각하면 된다. 이 예에서는 18분이 95% 신뢰구간에 포함되어 있지 않기 때문에 귀무가설을 기각하고 대립가설(양측검정. 모평균≠18분)을 채택하면 된다.

함수식 [CONFIDENCE]로 95% 신뢰구간을 구할 때 사용되는 허용오차를 계산해 준다. [CONFIDENCE]에는 두 가지가 있는데, 표본이 크고 표준편차 등에 대한 정보가 많고 정규분포를 사용할 수 있을 때는 [CONFIDENCE.NORM]을 사용하고, 표본이 작거나 정보가 없어 t-분포를 이용해야 할 때는 [CONFIDENCE.T]를 사용한다.(눈치 챘겠지만, [.NORM]은 정규분포를 그리고 [.T]는 t-분포를 의미한다.) 당연히 정규분포이고 정보가 많고 대표본으로부터 계산된 [CONFIDENCE.NORM]이 조금은 정보가 부족한 t-분포를 이용하여 계산한 [CONFIDENCE.T]보다는 작다. 그래서 95% 신뢰구간도 [CONFIDENCE.NORM]을 사용했을 때, 더 좁아진다. 그리고 [기술통계법]에서 제공하는 '신뢰수준(95%)'은 [CONFIDENCE.T]와 동일한 값이다. 두 개의 [CONFIDENCE] 함수식에는 (alpha, standard_dev, size)를 각각 입력시켜야 하는데, 'alpha'는 유의수준(일반적으로 0.05)이고, 'standard_dev'는 표준편차 그리고 'size'는 표본의 크기이다. 이 자료에서는 30개의 자료를 정규분포를 이용해서 구한 허용오차와 t-분포를 이용해서 구한 허용오차는 각각 [CONFIDENCE.NORM]=1.927250188<[CONFIDENCE.T]=2.011092675로 역시 정규분포를 이용한 신뢰구간이 더 작다.

(2) 소표본인 경우 – [T.DIST], [T.DIST.2T]와 [T.DIST.RT]

정규분포를 따르는 모집단으로부터 작은 표본이 추출되었을 때는 t-분포를 이용하여 p-값을 구한 후, 유의수준과 비교하고 어느 것이 더 큰지 아니면 작은지 아니면 다른지에 대한 판정을 한다.

실습 7 커피자판기의 1회 용량은 150ml이라고 한다. 8개의 표본(160, 153, 150, 160, 141, 155, 147, 150)으로부터 이 사실이 맞는지를 유의수준 5%에서 검정하여라.

1st. 가설을 설정한다.

귀무가설 : 모평균=150ml vs. 대립가설 : 모평균≠150ml

2nd. 표본의 수가 매우 작기 때문에 t-분포를 사용한 '검정 통계량'을 구한다.

t-검정 통계량은 $t=(\bar{x}-150)/s/\sqrt{n}$ 로부터 구한다. 즉 '$(\bar{x}-150)$/표준오차'이다.

표준오차와 평균은 [기술통계법]으로 구할 수 있다. 즉 평균은 '152ml'이고, 표준오차는 '2.283481ml'이다. 따라서 t-통계량=(152-150)/2.283481=0.875856이 된다.

양측검정에서 p-값은 [T.DIST.2T]를 사용하여 구하는데, 'x'에는 't-통계량=0.875856'을 입력시키고, 'deg_freedom'에는 '관측수-1=8-1=7'을 입력시키면 된다. 양측 검정에서 p-값을 함수식 [T.DIST.2T]으로부터 구하면 '0.410154'가 된다.

3rd. p-값과 유의수준을 비교하여 판정한다.

p-값이 유의수준 0.05보다 많이 크므로 귀무가설을 기각할 수 없다. 즉 모평균은 150ml라고 할 수 있다.

t-분포를 이용해서 단측 검정의 p-값을 구하는 방식도 있다. 예컨대 대립가설이 '모평균<150ml'인지를 검정할 때의 p-값은 '좌측 스튜던트 t-분포값'인 [T.DIST]를 사용하여 구한다. 이때는 'x'와 'deg_freedom'과 더불어 'cumulative'를 입력해야 하는데, 'TRUE'는 '누적분포함수'를 구하는 지시어이고, 'FALSE'는 '확률밀도함수'를 구하는 명령어이다. 작은지에 대한 검정을 위한 p-값을 구하기 위해서는 'TRUE'를 사용한다.(여기서는 0.794923이다.) 그리고 대립가설이 '모평균>150ml'인지를 검정할 때의 p-값은 '우측 스튜던트 t-분포값'인 [T.DIST.RT]를 구하면 된다.(여기서는 0.346978이다.)

(3) 표본 자료가 없는 경우

위와 같이 표본 자료가 주어진 경우도 있지만, 표본의 평균이나 표본의 표준편차 그리고 표본의 크기 등에 대한 정보만으로 모집단에 대한 비교를 하여야 하는 경우도 있다. '대표본'인 경우에는 정규분포를 이용하여 z-통계량을 구한 후에 p-값을 구하고, '소표본'인 경우에는 t-분포를 이용하여 역시 t-통계량을 구한 후에 p-값을 구하면 된다. 표본 자료가 없지만 '대표본'이라면 정규분포나 표준정규분포(모평균=0이고 모표준편차=1인 정규분포)로 확률을 구하는 함수식인 [NORM.DIST]나 [NORM.S.DIST]를 사용하면 된다. '모표준편차가 알려져 있지 않다면' 표본의 표준편차를 사용한다. 그리고 만일 '소표본'이면서 '모표준편차도 알려져 있지 않다면' t-분포를 이용하여 통계량을 구하고, 함수식 단측 검정이면서 좌측 p-값을 구하려면 [T.DIST]를 사용하면 되고, 양측 검정이라면 [T.DIST.2T]를 사용하면 되고, 단측 검정이면서 우측 p-값을 구하려면 [T.DIST.RT]를 사용하면 된다.

제6장

관계

키가 큰 사람은 체중도 많이 나간다. 광고비가 늘어날수록 판매액이 늘어난다. 그리고 믿기지 않겠지만 초등학생들을 조사해 보면 발이 큰 학생들의 독해력이 더 좋다. 그리고 부모의 사회·경제적 지위가 높을수록 1·2등급 수능성적을 받는 비율이 높아진다. 모두 '평균적으로' 그렇다는 말이다. 키와 체중, 광고비와 판매액 그리고 발의 크기와 독해력 성적 및 부모의 사회·경제적 지위와 수능성적 모두 특별한 관련성을 가지고 있다. 이렇듯 두 가지 변수들 간의 관련성은 많은 사람들이 관심을 가지고 있는 문제이다. 왜 사람들은 관련성을 알고 싶어 할까? 사업을 하는 사업주라면 판매액을 늘리기 위해 엄청 노력한다. 그런데 내 마음대로 판매액을 늘릴 수는 없다. 그렇다면 판매액을 늘리기 위해서는 어떻게 해야 할까? 판매액에 가장 영향을 주는 변수(요인)를 찾아야 하는데 쉬운 일이 아니다. 매장의 크기를 늘리면 판매액이 올라갈까? 아니면 사원의 수를 늘린다면 어떨까? 광고비를 늘리면? 일반적으로 매장의 크기, 사원의 수 그리고 광고비 등이 판매액에 영향을 미치는 변수들로 손꼽

힌다. 그런데 그런 통념이 과연 사실일까? 또한 세 변수들이 모두 판매액을 늘리는 데 관련이 있다는 사실을 알고 있지만, 세 가지를 모두 늘리려면 많은 비용이 들게 되고 무조건 많이 늘리기만 하면 되는지도 의심스럽다. 이런 문제를 해결하기 위해서 관계를 이해하는 데 도움이 되는 자료 분석 방법이 사용된다.

우리가 알고자 하는 변수들이 '연속형' 변수들이라면 '상관분석'이라는 통계적 분석방법으로 관련성의 유무와 방향 그리고 크기까지도 알 수 있다. 그리고 고려하고자 하는 변수들이 성별이나 학력 등과 같이 '범주형'이라면(이 경우 자료는 빈도수가 된다), '카이제곱(χ^2) 분석'이라는 '교차분석법'을 사용해서 관련성을 확인할 수 있다. 그리고 지금까지 보아 왔듯이 Excel은 간단하게 분석 결과를 보여 준다.

1. 상관분석

키와 체중과 같이 그리고 부모의 경제력과 수능성적과 같이 A와 B 두 변수들 간에 관련성이 있는지를 알고 싶다면 가장 손쉬운 방법으로 그래프(분산형 차트)를 그려 보면 된다. 그러면 x-축의 변수와 y-축의 변수와의 관련성을 알 수 있다. 3장의 [분산형 차트]에서 사용한 예제인 2000년~2012년 세계보건기구의 건강기대수명과 같은 시기 유엔, 세계은행에서 데이터베이스화한 나라별 사회경제지표를 비교 분석한 건강기대수명(Healthy Life Expectancy. HLE)과 인터넷 사용자수(인구 100명당 기준. IU) 자료를 사용한 분산형 차트는 다음과 같았다.

HLE가 증가할수록 인터넷 사용자 수인 IU도 증가하고, HLE가 작아질수록 IU 역시 작아진다는 사실을 분명하게 확인할 수 있다. 즉 같은 방향으로 두

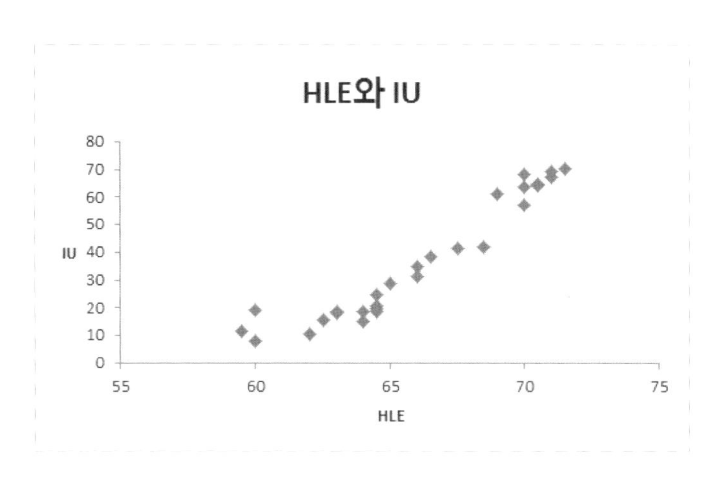

변수의 값이 변화한다. 이런 경우는 확실하게 두 변수가 관련이 있다는 사실을 보여 준다. 분산형 차트는 가장 손쉽게 관련성을 찾는 방법임에 틀림없지만, 분산형 차트 역시 주관적 해석이 가능하고 관련성의 크기를 비교하기에는 부족한 정보를 제공한다는 점에서 아쉽다. 이런 약점을 보완해 주는 방법이 필요했는데, 그것이 상관분석으로 나타난 '상관계수(相關係數. correlation coefficient. r)'이다.

(1) 연속형 자료들 간의 관계 – [상관분석]

HLE와 IU를 사용하여 상관계수를 구하는 방법부터 살펴보자.

1st. 자료를 입력한다.

2nd. [데이터]탭 > [분석]그룹 > [데이터분석] > [통계 데이터 분석]창이 나타난다.

3rd. [통계 데이터 분석]창에서 [상관분석]을 선택한다.

4th. [상관분석]창의 '입력범위'에 HLE와 IU 자료 영역을 마우스로 입력하고, '첫째 행 이름표 사용' 유무를 표시하고, '출력옵션'에서 결과물이 나타날 장소를 지정하고 확인을 누르면 된다.

결과물은 다음과 같은 정보를 제공해 준다.

	HLE	IU
HLE	1	
IU	0.954341	1

행과 열에는 동일한 변수명이 나열되고, 각 셀에는 숫자가 나타나는데, 이 숫자가 두 변수의 상관계수이다. 그리고 대각선에는 항상 '1'이 나타나는데, 그 의미는 동일한 두 변수들끼리의 상관계수는 '1'이며, 완벽한 관련성이 있음을 의미한다. 즉 (HLE와 HLE) 그리고 (IU와 IU)은 동일한 값을 갖기 때문에 완벽한 상관관계를 갖는 것이 당연하다. 우리가 관심을 갖는 것은 대각선 이외의 셀에 나타난 숫자이다. 여기서는 'r=0.954341'인데 이 숫자가 바로 (HLE와 IU) 간의 상관계수이다. 그렇다면 '0.954341'로부터 어떤 정보를 얻을 수 있을까? 먼저 숫자 앞에 '부호(sign)'가 '+'이기 때문에(숫자가 '양수'인 경우에 '+'를 생략) 두 변수의 크기 변화가 같은 방향으로 변한다는 사실을 알 수 있는데, 이를 '양(陽, positive)의 상관관계'라고 한다. 만일 '−'가 숫자 앞에 나타났다면(즉 '음수'라면), 두 변수들의 숫자는 서로 다른 방향으로 변한다는 의미가 된다. 즉 하나가 커지면 다른 하나는 작아지는 방향의 관련성을 의미한다.

다음으로 살펴보아야 하는 것은 숫자의 크기이다. 잠깐 앞에서 언급했듯이 '±1'은 두 변수의 완벽한 관계를 의미하기 때문에 '1' 혹은 '−1'에 가까운 값일수록 관련성이 커지고, '0'에 가까운 값일수록 관련성이 약해진다고 해석할 수 있다. 즉 이 숫자의 크기(절대값)가 관련성의 크기를 나타내기 때문에 0.9가 0.6보다 훨씬 강한 관계로 읽어주면 된다. 상관계수가 '0'인 경우를 통계적인 용어로는 '독립적(independent)' 관계라고 한다. 그리고 분산형 차트에서는 점들이 방향성 없이 둥근 공의 모습으로 표시되며, '1'은 '양의 기울기'를 가진 직선 위에 모든 자료가 모여 있으며, '-1'은 '음의 기울기'를 가진 직선 위에 모든 점들이 나타난다. 그리고 상관계수가 '-1'과 '1' 사이의 값이라면 분산형 차트에서 점들은 럭비공 모양으로 찍히고, 절대값이 클수록 럭비공은 납작한 모양(점들의 밀집도가 높은 모양)이 되고, 절대값이 크면 럭비공은 빵빵하게 바람이 가득찬 모양이 된다. 즉 점들의 밀집도가 낮아진 모양이 된다.

상관계수는 **[함수마법사] > [CORREL]**을 사용하여 구할 수도 있다. 그러나 이 방법으로 변수가 두 개보다 많은 경우를 구할 경우 똑같은 작업을 반복해야 되기 때문에 좀 귀찮아진다. 따라서 [상관분석]으로 상관계수를 구하는 것이 편리하다. 변수들의 수가 3개 이상인 경우도 구하는 방법과 해석하는 방법은 모두 동일하다. 이 경우 특히 어떤 변수들 간의 관련성이 더 큰지 혹은 작은지를 결정할 수 있기 때문에 영향력이 큰 변수를 찾는데 유용하게 사용된다.

(2) 범주형 자료들 간의 관계 - [CHISQ.TEST]와 [CHISQ.DIST.RT]

① 독립성 검정 - [CHISQ.TEST]

자료가 빈도수로 나타나는 범주형 변수들 간의 상관관계를 알아내려고 할 때는 상관계수로 관련성을 알아낼 수 없다. 예컨대 성별(남자와 여자)이나 지역에 따라 정당(새누리당, 더불어민주당, 국민의 당 등)의 지지도에 차이가 있는지를 알고자 할 때나, 학년(1학년, 2학년, 3학년, 4학년)과 도서관에 대한 만족도(만족, 보통, 불만족)가 관련이 있는지를 알고자 한다면 나타난 자료가 모두 빈도수이기 때문에 상관계수를 구할 수 없다. 이런 경우에는 Excel의 [CHISQ.TEST]를 사용하여 두 변수들이 독립인지 아닌지를 알아낼 수 있다.

예를 들어 유권자들이 투표를 할 때 정당 선호도에 따라 차이가 있는지를 (즉 정당 선호도와 투표 유무와의 관련성이 있는지를) 알기 위해 다음과 같은 '3×2 분류표(혹은 교차표, cross table)'를 구했다.

정당선호도	투표	기권
강	265	49
중	405	125
약	305	126

우리는 투표행위에 정당선호도가 어떤 영향력이 있는지를 알고자 한다. 따라서 다음과 같은 가설을 세울 수 있다.

귀무가설 : 투표여부와 정당선호도는 관련이 없다.(즉 독립적이다.)
대립가설 : 투표여부와 정당선호도 사이에는 관련성이 있다.(즉 관계가 있다.)

두 가설 중에서 어느 가설이 타당한지를 검정하려면 실제 '측정된 빈도수'와 '귀무가설이 참이라는 가정 하'에서 기대되는 도수인 '기대도수'와의 차이를 확인하면 된다. 이 차이에 적절한 변환을 시켜서 잘 알려진 분포인 '카이제곱(chi-square) 분포'를 하는 통계량(χ^2-통계량)을 만든 후 검정을 실시하는데, 이 검정법을 '카이제곱 검정'이라고 부른다. 따라서 측정된 도수로부터 기대도수를 구해야 하는데, 각 셀의 기대도수는 각각 (행의 합)×(열의 합/총합)으로부터 구한다. 이 공식은 귀무가설이 참이라는 가정(즉 독립이라는 가정)으로부터 자연스럽게 얻을 수 있다. Excel을 사용하여 독립성 검정을 해 보자.

1st. 원자료를 Excel에 입력하고 '행의 합'과 '열의 합' 그리고 '총합'을 구한다.

정당선호도	투표	기권	행의 합
강	265	49	314
중	405	125	530
약	305	126	431
열의 합	975	300	1275

2nd. (행의 합)×(열의 합/총합)의 공식을 사용하여 각 셀의 기대도수를 구한다.

예컨대 정당선호도가 '강'이고 '투표'를 한 경우의 기대도수는 '=D2*B5/D5=975*314/1275'를 사용하여 구하면, '240.1176'이 된다. 이 작업을 모든 셀에서 6번 반복하여 기대도수를 구하면 된다. 좀 더 편리하게 구하려면 '채우기 핸들'을 사용하면 된다. 즉 '=$D2*B$5/D5'로 '240.1176'을 구한 후, 오른쪽으로 그리고 아래쪽으로 채우기 핸들을 사용하여 기대도수를 구한다. 그 결과는 다음과 같다.

정당선호도	투표	기권
강	240.1176	73.88235
중	405.2941	124.7059
약	329.5882	101.4118

3rd. 실제 관측도수(actual_range)와 기대 도수(expected_range)를 [함수마법사] > [CHISQ.TEST]에 입력하여 p-값을 구하면 '8.45927E-05'가 되어 유의수준 5%(=0.05)보다 한참 작기 때문에 귀무가설을 기각한다. 즉 두 변수 간에는 관련성이 존재한다고 판정하면 된다.

내용은 다르지만 분석방법은 같은 '동질성(同質性) 검정'이 있다. 자료의 형태(분할표)도 독립성 검정을 할 때 자료와 동일하지만, 귀무가설은 다르다. 즉 정당 선호도에 따라 투표행위(투표와 기권)의 비율이 동일한지를 검정하는 문제가 된다. 어쨌든 분석방법은 동일하기 때문에 추가 설명은 하지 않겠다.

② 적합도 검정 – [CHISQ.DIST.RT]

카이제곱 분포를 사용한 검정법 중에는 특정한 확률분포와의 적합 정도를 비교하여 검정하는 '적합도(goodness-of-fit) 검정법'이 있다. 예컨대 도박에서 사용되는 주사위는 공정해야 한다. 가끔 영화에서 수은을 넣어 공정하지 않게 만들어진 주사위를 사용한 사기꾼이 등장한다. 이런 꾼에게 걸려든다면 순식간에 많은 돈을 잃게 될 것이다. 그렇다면 주사위가 공정한지는 알 수 있는 방법은 없을까? 물론 정밀한 측정도구를 사용하거나 내부를 투시할 수 있는 촬영도구를 사용한다면 쉽게 공정한 주사위인지를 판정할 수 있을 것이다. 그러나 이런 도구가 없는 경우에는 어쩔 수 없이 가장 원시적인 방법을 사용하여 검정할 수밖에 없다. 즉 게임을 하기 전에 테스트 삼아 주사위를 실제 던져 보고 공정성을 판정하면 된다. 그런데 주사위의 각각의 눈이 나타날 가능성(확률)은 1/6이라는 사실을 분명히 알고 있지만, 실제 던져 보았을 때, 정확하게 1/6씩 주사위의 눈이 나타나는 경우는 드물다. 즉 오차가 존재하기 때문에, 어느 정도까지의 오차를 허용하여야 할지를 정해서 공정한 주사위인지를 판정한다. 여기서도 유의수준 5%를 기준으로 그 이하의 확률(p-값)이 나타나면 '귀무가설(주사위는 공정하다)'을 기각하면 된다. 예를 들어 실제 주사위를 120번 던진 결과가 다음과 같았을 때, 유의수준 5%에서 주사위가 공정한지를 검정하여 보자.

귀무가설 : 주사위는 공정하다. 즉 모든 눈의 수가 나타날 확률은 1/6이다.
대립가설 : 주사위는 공정하지 않다.

눈의 수	1	2	3	4	5	6	합
관측도수	18	21	14	15	23	29	120

이 경우 기대도수는 귀무가설이 참이라면, 모두 20(=120×1/6)이 된다. 그리고 각각의 눈의 수에서 카이제곱 통계량인 $(O-E)^2/E$의 합을 구한 후, 카이제곱 분포를 사용하여 p-값(=CHISQ.DIST.RT)을 계산한다. 출력결과는 다음과 같다.

눈의 수	1	2	3	4	5	6	합
관측도수(O)	18	21	14	15	23	29	120
기대도수(E)	20	20	20	20	20	20	
$(O-E)^2/E$	0.2	0.05	1.8	1.25	0.45	4.05	7.8

각각의 눈의 수에 대한 카이제곱 통계량인 $(O-E)^2/E$의 합이 '7.8'로 나타났다. 따라서 '=CHISQ.DIST.RT(x, degrees_freedom)'을 사용하여 p-값을 구한다. 여기서는 x=7.8이고, degrees_freedom=5를 입력시키면 (degrees_freedom은 눈의 수-1로 계산한다), p-값은 '0.1676'으로 유의수준 0.05보다 크기 때문에 주사위는 공정하다고 판정할 수 있다. 눈의 수가 '3'이나 '4'인 경우 기대도수인 '20'보다 크게 차이가 나지만 다른 눈의 수에서 그리 큰 차이가 나지 않기 때문에 이런 정도의 차이는 '우연'에 의한 차이라고 생각해도 좋다는 의미이다. 즉 이 정도 차이는 사기에 이용되는 불공정한 주사위라고 보기 어려운 차이라고 해석하면 된다. 참고로 p-값은 '=1-CHISQ.DIST(x, degrees_freedom, cumulative)'로도 구할 수 있는데, 이때 cumulative에는 'TRUE'를 입력하면 된다.

2. 회귀분석

분산형 차트에서 상관성을 확인했다면, 두 변수가 양의 방향이나 음의 방향으로 변하는 상태를 하나의 직선으로 설명할 수는 없을까? 즉 연속형의 두 변수(x와 y)의 관련성을 좀 더 구체적인 직선식(예컨대 y=ax+b)으로 추정할 수는 없을까? 관련성이 커서 상관계수가 '1'에 가깝다면 직선식이 어느 정도 눈의 띄겠지만, 그렇지 않고 '1'보다는 조금 멀지만 그래도 '0'보다는 커서 뚱뚱한 럭비공의 모양이라면 직선식이 확연하게 눈의 띄지는 않을 것이다. 그렇더라도 손쉽게 조정이 가능한 변수인 x와 x 값들의 변화에 따라 반응하는 y 값들의 변화를 적절한 직선으로 추정하는 작업은 매우 중요한 정보를 제공해 줄 수 있다. 예컨대 키가 175cm인 사람의 체중은 대략 어느 정도인지를 알 수도 있으며, 광고비를 10만 원 늘린다면 매출액이 평균 어느 정도가 늘 것인지를 알 수 있고, 직원들의 교육시간을 평균 5시간 늘린다면 어느 정도나 생산성이 올라갈 것인지도 미리 알 수 있다. 물론 추정된 직선식이 완벽하게 맞는 것이 아니기 때문에 특별한 x-값에서 y-값을 추정할 때 당연히 오차가 존재한다는 사실을 잊지 말아야 한다. 어쨌든 모르는 것보다 훨씬 많은 정보를 얻을 수 있다는 사실에는 변함이 없다. 이렇듯 관련성이 높은 두 연속형 변수들 간의 관계식을 직선으로 추정하는 방식을 '회귀분석(回歸分析, regression analysis)'이라고 한다.

(1) 추세선에 의한 분석

상관관계를 분산형 차트로 확인하는 것이 가장 손쉬운 방법이었다. 마찬가지로 Excel에서는 분산형 차트 안에서 곧바로 추세선(趨勢線)을 그려볼 수 있다.

분산형 차트에서 추세선을 그리기 위해서는 차트 안의 한 점을 마우스로 선택한 후, 마우스 오른쪽 버튼을 눌러 나타난 창에서 [추세선 추가]를 선택하여 나타난 [추세선 서식] 창의 '추세선 옵션'에서 [○선형]을 선택하고, [□수식을 차트에 표시]와 [□ R-제곱 값을 차트에 표시]를 선택하면, 분산형 차트에 추세선과 추세선의 직선식과 추세선이 얼마나 정확한지에 대한 정보를 알려 주는 'R-제곱' 값이 나타난다.

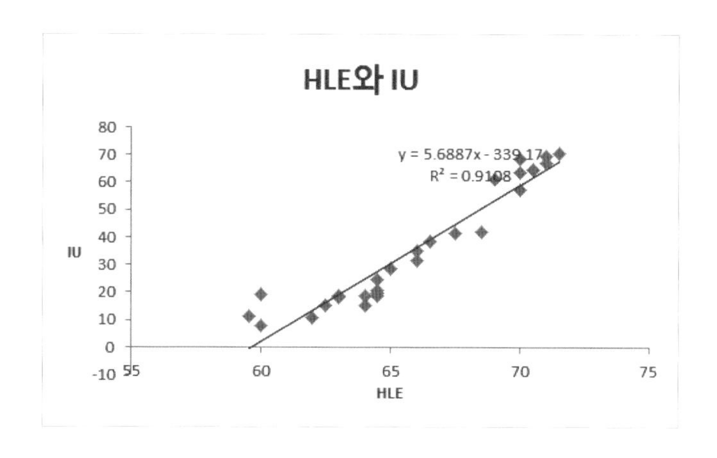

여기서는 추세선의 기울기는 5.6887이고 y-절편은 339.17로 나타났다. 즉 x-값이 '1단위' 변화할 때 y-값은 '5.6887단위'만큼씩 증가한다는 의미로 해석할 수 있다. 또한 차트 내부에 나타난 R-제곱(=R^2)을 '결정계수(決定係數, coefficient of determination)'라고 하는데 이 값은 0.9108로 직선이 x와 y의 관계를 91.08% 정도 설명해 준다는 의미로 해석하면 된다. 추세선은 x에 따라 변하는 y의 변화를 거의 정확하게 추정하고 따라서 매우 믿을 수 있다는 뜻이다.

추세선이 꼭 직선일 필요는 없다. [추세선 서식] 창에서 '추세선 옵션'에는 자동으로 지정되는 '선형' 이외에 '지수', '로그', '다항식', '거듭제곱' 그리고

'이동평균' 등을 선택할 수도 있다. 당연히 선형이 가장 단순한 추세선이고, 더 정확한 추정(더 큰 R-제곱 값)을 위해서 더 복잡한 추세선(다항식 등)을 선택할 수도 있다. 그러나 현재의 값들(표본)에 더 정확하다고 반드시 좋은 것만은 아니다. 더군다나 가장 단순한 선형만으로 91% 정도 정확한 추정이 가능한데, 더 복잡한 식으로 약간의 R-제곱 값이 증가하는 것은 큰 의미가 없다. 100개의 표본에 가장 정확한 99차 방정식으로 추정할 수도 있겠지만, 다른 표본에서 99차 방정식은 더 부정확한 추세선이 될 수도 있다는 사실을 기억해야 한다. 가장 적은 노력으로 최대의 효과를 만드는 것이 효과적이다. 즉 가장 단순한 모델로 원하는 만큼 정확한 추세선이 얻는 것만으로 충분하다.

추세선이 선형이라면 상관계수의 제곱 값이 R-제곱 값이 된다. 즉 HLE와 IU의 상관계수 r=0.954341을 제곱한 값이 바로 결정계수인 R-제곱 값 =0.910766으로 대략 차트에 나타난 0.9108이라는 사실을 쉽게 확인할 수 있다. 그러나 추세선이 선형이 아니라면 이런 관계는 맞지 않는다.

(2) 단순선형회귀분석

회귀분석에서 가장 단순한 모델이 하나의 x변수(독립변수)가 하나의 y변수(종속변수 혹은 반응변수)에 어떻게 작용하는지를 직선으로 추정한 '선형회귀식'이다. 즉 직선으로 추세선을 추정하는 방식인데 이런 분석법을 단순선형회귀분석이라고 부른다. 단순선형회귀분석에서는 무작위로 선택된 표본인 (x_i, y_i) 값들로부터 기울기와 y-절편을 추정하는데, 이렇게 추정된 직선 식을 $\hat{y} = ax + b$로 표시한다. 그런데 애초에 가정된 직선의 모형에는 기울기나 절편 이외에 '오차(誤差, error)'가 존재한다. 그 이유는 정해진 x-값에서 y-값이 항상 일정하게 나타나지 않고 무작위로 변화하기 때문이다. 그래서 최초의 가정된 직선의 모형은 일반적으로 $y_i = \alpha + \beta x_i + \epsilon_i$ 이다. 그리고 오차인 ϵ_i가 정규분포(평균이 '0'이고 표준편차가 'σ'인 정규분포)를 한다는 가정을 하고, 이 사실을 이용하여 적절한 계수인 기울기와 절편을 추정한다. 추정된 식은 매우 복잡하지만 역시 이런 복잡하고 귀찮은 계산 작업은 모두 Excel이 맡아 처리해 주기 때문에 우리는 결과물만 정확하게 해석할 줄 알면 된다. Excel로 HLE와 IU 자료로 회귀분석 작업을 하는 방법과 결과물을 해석하는 방법을 알아보자.

1st. [데이터]탭 > [분석]그룹 > [데이터 분석]을 선택한다.
2nd. [통계 데이터 분석]창 > [회귀분석]을 선택한다.
3rd. '입력'부분에서 'y축 입력 범위'와 'x축 입력 범위'에 각각 열방향으로 y값들과 x값들을 입력시킨다. 그리고 각 변수에 이름을 입력시켰다면 '이름표'를 선택하고, Y-절편이 확실히 '0'인 경우에는 '상수에 0을 사용'이라는 옵션을 선택한다. 그리고 '신뢰수준'은 굳이 선택하지 않아도 추정된 계수인 기울기와 절편의 95% 신뢰구간을 계산해 준다.
4th. '출력 옵션'에서는 결과물이 나타날 위치를 지정해 주면 된다.
5th. '잔차'에 나타난 옵션들('잔차', '잔차도', '표준잔차' 그리고 '선적합도')을 모두 선택한다.
6th. '정규확률'에서 '정규확률도'를 선택한다.

사실 회귀분석은 분산형 차트와 상관분석을 통해 이미 상관관계가 꽤 큰 상황에서 시행된다. 따라서 5th. 이후의 과정은 생략해도 큰 무리가 없다. 그 이유는 '잔차(=실제값과 추정값의 차이로 $y_i - \hat{y}_i$ 이며, 오차를 추정할 때 사용된다)'나 '정규확률'은 단순선형회귀모형의 4가지 가정(정규분포를 하고, 각각의 표본은 독립이며, 오차의 분산은 모든 x-값들에서 동일하며 직선이라는 가정)을 진단(診斷)하기 위한 출력물이기 때문이다. 이 과정이 중요하지 않다는 말은 아니다. 그러나 앞에서 잠시 언급했듯이 차트와 상관분석을 통해 이미 대략적으로 4가지 가정이 어느 정도 옳다는 사실을 확인하고 회귀분석을 했기 때문에 생략해도 큰 이변을 일어나지 않는다는 의미일 뿐이다. 이 과정을 생략한 출력 결과를 살펴보자. 대부분 중요한 정보는 여기에 모두 포함되어 있다.

요약 출력

회귀분석 통계량	
다중 상관계수	0.954341
결정계수	0.910766
조정된 결정계수	0.907334
표준 오차	6.671366
관측수	28

'요약 출력'표는 추정된 직선식에 대한 개략적인 정보를 제공해 준다. '다중상관계수'는 앞에서와 같이 상관계수인데, 회귀분석에서는 일반적으로 여러 개의 독립변수들이 하나의 종속변수에 어떻게 작용하는지를 분석하기 때문에 '다중(多重, multiple)'이라는 용어가 사용된다. 단순선형회귀분석은 독립변수가 하나이기 때문에 다중상관계수 0.954341은 상관분석에서 얻은 상관계수와 동일한 값이다. 그리고 '결정계수'는 다중상관계수를 제곱한 값이 된다. '조정된 경정계수'는 결정계수가 가진 단점(독립변수가 많아질수록 무작정 값이 커지는 단점)을 보완한 결정계수로 독립변수가 여러 개인 다중회귀분석에서 결정계수보다 더 중요한 값으로 읽혀진다. '표준오차'는 잔차들의 표준편차이며 작을수록 좋다.

분산 분석

	자유도	제곱합	제곱 평균	F 비	유의한 F
회귀	1	11810.8	11810.8	265.3687	3.68E-15
잔차	26	1157.185	44.50712		
계	27	12967.98			

'분산분석'표는 세 개 이상의 평균을 비교할 때의 분산분석과 동일한 방법으로 만들어진 출력물이다. 첫 번째 열의 요인으로 '회귀'와 '잔차' 그리고 '계'는 평균비교에서의 분산분석표에 나타난 '처리'와 '오차'와 '합'과 동일하다. 즉 추정된 회귀선이 의미가 있는지(믿을만한지)를 알아 볼 수 있다. 여기서 귀무가설은 '가정된 직선회귀선은 의미가 없다'이고 대립가설은 '가정된 직선식은 의미가 있다'이다. 대립가설은 결국 고려된 x라는 독립변수가 y에 중요하고 의미 있는 영향력을 행사해서 기울기를 만들었다는 뜻이기도 하다. 그리고 귀무가설은 고려한 독립변수가 결국 종속변수인 y에 전혀 의미가 없다는 의미이다. 그래서 x값이 아무리 변해도 y값들은 전혀 영향을 받지 않고 일정하다는 뜻이다. 당연히 p-값인 '유의한 F'를 읽어 주면 된다. 여기서 p-값은 '3.68E-15'으로 거의 '0'이기 때문에 귀무가설을 '기각'한다. 즉 대립가설이 옳고 가정된 직선식은 의미가 있다.

	계수	표준 오차	t 통계량	P-값	하위 95%	상위 95%	하위 95.0%	상위 95.0%
Y 절편	-339.167	23.09492	-14.6858	4.23E-14	-386.64	-291.695	-386.63979	-291.6952
HLE	5.688718	0.349212	16.29014	3.68E-15	4.970902	6.406534	4.9709019	6.4065343

이 표는 추정된 직선식의 기울기와 절편에 재한 정보를 상세하게 전해준다. 추정된 직선식에서 자료로부터 추정된 기울기는 HLE의 계수=5.688718이

고, 추정된 절편은 Y 절편의 계수=-339.167이고, 이 둘을 합쳐서 추정된 직선 회귀식은 $\hat{y}=5.688718x-339.167$이 된다. 그 뒤로 여러 가지 통계량들이 있는데, 중요한 것은 역시 5번째 열의 'p-값'이다. 중요한 기울기인 'HLE의 p-값'은 분산분석표에서의 '유의한 F'와 동일한데, 기울기가 '0'인지 아닌지를 판정할 수 있도록 해준다. 즉 기울기에 대한 검정에서 귀무가설은 '기울기=0'이고 대립가설은 '기울기≠0'이기 때문에 p-값이 '0'에 가까운 값으로 귀무가설이 틀렸다는 증거가 된다. 'Y 절편의 p-값'도 같은 방식으로 읽고 해석한다. 다음 열의 '하위 95%'와 '상위 95%'는 각각의 추정된 계수의 95% 신뢰구간의 하한과 상한의 값이다.

이것으로 단순선형회귀분석으로 얻을 수 있는 가장 중요한 정보를 모두 알게 되었다. 즉 추정된 직선 회귀식과 기울기에 대한 중요한 정보를 얻었다. 추정된 기울기는 5.688718이지만 95% 신뢰구간의 하한은 4.970902이고 상한은 6.406534로 변한다. 앞에서 언급했듯이 위의 3가지 결과물은 5th. 이후를 시행하지 않은 결과물이지만, 대부분 이것으로 충분하다. 5th. 이후를 선택하여 나타난 결과물(더 복잡하고 방대한 표와 다양한 그래프)도 중요한 의미를 가지고 있지만, 통계에 대한 초보적인 지식만 가진 사람들에게는 크게 중요하지 않을 수 있기 때문에 생략하겠다. 그런데 회귀분석을 하기 전에 반드시 분산형 차트와 상관분석을 통해 확실하게 직선의 경향이 있음을 확인하여야 한다는 사실을 꼭 기억하여야 한다.

(3) 다중선형회귀분석

다중선형회귀분석은 독립변수가 하나가 아니라 여러 개인 경우의 회귀분석을 하고자 할 때 사용되는 방법으로 단순선형회귀분석과 다를 바 없다. 다음은 매출액에 영향을 주는 것으로 알려져 있는 광고비와 영업사원의 수에 대한 자료이다.

월	광고액	영업사원수	매출액
1	25	3	100
2	52	6	256
3	38	5	152
4	32	5	140
5	25	4	150
6	45	7	183
7	40	5	175
8	55	4	203
9	28	2	152
10	42	4	198

광고비와 영업 사원의 수가 독립변수가 되고 매출액이 종속변수가 된다. 즉 두 변수의 매출액에 대한 영향력을 알아보기 위해 회귀분석을 하여 보자. 단순회귀 분석과의 차이점만을 살펴보도록 하겠다.

결과물을 얻기 위한 과정 중 'x 축 입력 범위'에 '광고액'과 '영업사원수' 두 열의 자료를 모두 입력시킨다.

요약 출력

회귀분석 통계량	
다중 상관계수	0.856756917
결정계수	0.734032416
조정된 결정계수	0.658041677
표준 오차	24.8884452
관측수	10

앞에서 언급했듯이 다중회귀분석에서는 '조정된 결정계수'를 읽어 주는 것이 더 정확하다.

분산분석표는 단순선형회귀에서와 똑같은 형태이고, '유의한 F'를 읽고 판단하는 과정도 동일하다.

분산 분석

	자유도	제곱합	제곱 평균	F 비	유의한 F
회귀	2	11966.8571	5983.428535	9.659498	0.009703
잔차	7	4336.04293	619.4347044		
계	9	16302.9			

	계수	표준 오차	t 통계량	P-값	하위 95%	상위 95%
Y 절편	39.68915117	32.742315	1.212166923	0.26477	-37.7341	117.1124
광고액	3.372156311	0.93595118	3.602919006	0.008706	1.158983	5.585329
영업사원수	0.532106164	6.97556487	0.076281444	0.94133	-15.9625	17.0267

광고액과 영업사원수에 대한 기울기 정보가 나타나 있고, Y 절편에 대한 정보가 주어져 있다. 역시 p-값을 읽어 주면 되는데, 광고액의 p-값은 '0.008706'으로 유의수준 0.05보다 작기 때문에 매출액에 큰 영향력이 있는 변수라는 뜻이고, 영업사원수에 대한 p-값은 0.94133으로 유의수준 0.05보다 많이 크기 때문에 귀무가설인 '기울기=0'라는 사실이 옳다고 판정하게 된다. 즉 매출액에 영향을 미칠 것으로 생각되는 두 변수를 고려해서 회귀분석을 실시한 결과 광고비만 매출액에 영향을 미치고 영업사원수는 전혀 매출액에 영향을 주지 않았다. 따라서 매출을 높이기 위해서는 영업사원을 늘리는 일은 할 필요가 없기 때문에 매장을 운영할 최소 인원만 있으면 되고, 광고비는 매출액에 큰 영향을 주기 때문에 사정이 허락하는 한 광고비를 증액할 필요가 있

는 것으로 나타났다.

처음에 두 개의 독립변수가 하나의 반응변수에 미치는 영향력을 조사하였는데 그중 하나가 무의미하다는 결론이 났다. 그러면 다시 한 번 회귀분석을 실시하는 것이 바람직하다. 즉 의미가 없는 영업사원수는 제거하고 광고비만으로 매출액과의 단순선형회귀분석을 실시하여 정확한 광고비의 영향력을 알아 볼 필요가 있다. 그 결과는 다음과 같다.

회귀분석 통계량	
다중 상관계수	0.856628
결정계수	0.733811
조정된 결정계수	0.700538
표준 오차	23.29068
관측수	10

다중 상관계수는 약간 작아졌다. 결정계수는 약간 작아졌지만 조정된 결정계수는 오히려 커졌다. 필요 없는 변수를 제거함으로써 더 관계가 명확해졌다고 해석해도 좋을 듯하다.

분산 분석

	자유도	제곱합	제곱 평균	F 비	유의한 F
회귀	1	11963.25	11963.25	22.05387	0.001549
잔차	8	4339.647	542.4559		
계	9	16302.9			

	계수	표준 오차	t 통계량	P-값	하위 95%	상위 95%
Y 절편	40.56053	28.71512	1.412515	0.195497	-25.6567	106.7777
광고액	3.412028	0.726558	4.696155	0.001549	1.736583	5.087473

분산분석표에서 '유의한 F'의 p-값이 더 작아져서 오히려 두 개의 독립변수의 영향력을 분석할 때보다 더 명확하게 광고비 하나의 독립변수가 매출액에 더 유의미한 영향을 주는 것으로 나타났다. 즉 영업사원수가 오히려 명확한 관계를 흐리게 하는 변수였음을 알 수 있다. 'Y 절편'의 'p-값'이 유의수준인 0.05보다 크게 나타났기 때문에 귀무가설인 '절편=0'가 채택되었다. 따라서 최종적으로 추정된 직선식은 $\hat{y} = 3.412028x$ 가 된다. 두 변수를 고려했을 때의 기울기와 약간 차이가 있다. 만일 광고비인 x를 100만 원으로 하면 매출액을 341만 원 정도가 된다는 뜻이다. 물론 평균적으로 그렇다는 말이다. 95% 신뢰수준에서 하한인 최솟값은 173만 원 정도(하한 95%)의 매출이 발생할 수 있고, 최대로는 508만 원 정도(상한 95%)의 매출액이 발생할 수도 있는 뜻이다.

저자 유정빈

서울대학교 계산통계학과 졸업
서울대학교 대학원 통계학과 졸업(석사)
서울대학교 대학원 통계학과 졸업(박사)
서원대학교 응용통계학과 교수
현재 서원대학교 교양학부 교수
e-mail jbyoo@seowon.ac.kr

EXCEL 자료탐색

인 쇄 2016년 2월 17일
발 행 2016년 2월 27일
저 자 유정빈
펴낸이 이대현
편 집 권분옥
펴낸곳 도서출판 역락
서울시 서초구 동광로 46길 6-6(문창빌딩 2F)
전화 02-3409-2058(영업부), 3409-2060(편집부)
팩시밀리 02-3409-2059
이메일 youkrack@hanmail.net
역락블로그 http://blog.naver.com/youkrack3888
등록 1999년 4월 19일 제303-2002-000014호
ISBN 979-11-5686-296-3 03310

정 가 12,000원
* 파본은 구입처에서 교환해 드립니다.

■ 이 도서의 국립중앙도서관 출판예정도서목록(CIP)은 서지정보유통지원시스템 홈페이지(http://seoji.nl.go.kr)와 국가자료공동목록시스템(http://www.nl.go.kr/kolisnet)에서 이용하실 수 있습니다.(CIP제어번호: CIP2016003539)